肉·食·主·义

·X 编著 鼓舞工作室 图/视频

重庆出版集团 重庆出版社

图书在版编目 (CIP) 数据

肉食主义 / Mr.X 编著 . —重庆 : 重庆出版社，
2019.2
ISBN 978-7-229-13731-1

Ⅰ. ①肉… Ⅱ. ① M… Ⅲ. ①荤菜－菜谱 Ⅳ. ① TS972.125

中国版本图书馆 CIP 数据核字 (2018) 第 274433 号

肉食主义
ROUSHI ZHUYI
Mr.X 编著

策　　划：千卷文化
责任编辑：谢雨洁
责任校对：李小君
封面设计：邹雨初
装帧设计：
图 / 视频：鼓舞工作室

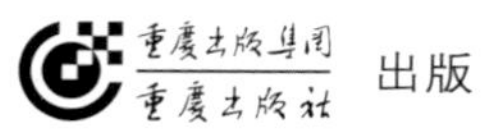

出版

重庆市南岸区南滨路 162 号 1 幢　　邮政编码 :400061　　http://www.cqph.com
重庆俊蒲印务有限公司印刷
重庆出版集团图书发行有限公司发行
全国新华书店经销

开本 :787mm×1092mm　1/16　印张 :11.75　字数 :300 千
2019 年 2 月第 1 版　　2019 年 2 月第 1 次印刷
ISBN 978-7-229-13731-1
定价 : 42.00 元

如有印装质量问题，请向本集团图书发行有限公司调换 :023-61520678

肉食主义

主厨介绍

钟木桂

1973 年生于广东汕尾，自幼爱好烹饪，1995 年在广东深圳正式开始厨艺生涯，习得粤菜传统技艺。2003 年受邀到重庆，曾任扬子岛酒店、品香公馆、名豪国际酒店、维景国际酒店等五星饭店酒店行政总厨。2015 年加入与鲨共舞亚洲餐厅，任厨师长。厨艺精湛，擅长在保留传统粤菜的基础上融入渝派料理的烹饪手段及西式摆设。

胡荣庆

精通牛扒厨艺，技术精湛，为名家名店品牌建设贡献巨大，深受业内外充分肯定。曾荣获法国蓝带美食勋章、年度顶级厨师，2016 年荣获国家一级评委称号。

苟伟

16岁进入餐饮行业，在上海本帮菜和粤菜餐厅工作多年。2008年在三亚金茂希尔顿酒店工作开始学习西餐，曾在上海虹桥希尔顿、三亚文华东方酒店、广州威斯汀酒店等多家五星级酒店工作。从2015年起在多家餐酒吧担任主厨，现担任SENSORY餐酒吧主厨。

高嘉宏

1992年在意大利厨师学院餐饮管理专业学习，1993年转到法国乔治亚厨师学院厨师专业学习，1995年开始在酒店任职，曾任日本王子饭店百汇副主厨、台湾凯撒饭店主厨、太平洋大饭店百汇主厨、东森休闲大饭店行政主厨，拥有近20年的行政主厨经验。

冯志荣

专攻西餐，厨艺高超。曾在海港集团、深圳市高级技术学校、深圳旅游局接受职业培训和餐饮管理。从2008年开始，先后在深圳厨房制造、深圳品村会所、重庆兰卡威供职，2015年至今担任与鲨共舞餐厅西厨厨师长。

序论

钱钟书先生曾在《吃饭》一文中，深情赞叹：“可口好吃的菜还是值得赞美的。这个世界给人弄得混乱颠倒，到处是摩擦冲突，只有两件最和谐的事物总算是人造的：音乐和烹调。一碗好菜仿佛一支乐曲，也是一种一贯的多元，调和滋味，使相反的分子，相成相济，变成可分而不可离的综合。”烹调之乐趣、美食之精粹实乃人生大事，如钱钟书先生口中那般，乃是浮躁混乱的人间红尘中的一块和谐净土。

既然说到美食和烹调，便不得不说其中的重要角色：肉。肉的独特，在于其高质量、高集中度的蛋白质。小小的一块肉便可以代替大量的食物，极大地缩短了消化过程，有效保存了人的精力与活力，对大脑发育产生了重要影响。因此，从社会诞生之初开始，“肉”一直是备受宠爱的食物。

随着社会的发展，良好的资源环境和经济条件，使“肉”的角色不单单局限于食物，它成为了烹饪者手中、饕餮们眼中的艺术品。它成为了一个充满个性的文化角色，一个拥有难言之欲、复杂感情的社会灵魂。在生活中，无论是谁，只要谈起“肉”的话题，便几乎没有人会沉默寡言，人人都与肉发生着强烈的联系，许多生动的故事围绕着它上演。于是，你会发现，“肉”有着自己的爱、恨、嗔、痴。它代表着民族群体，又代表着个人情感。当你对肉精心烹饪时，你是以怎样的心情去对待它，怎样地调味，选择怎样的方式，它的未来便代表着你希望传递给食用者的情感。

日本的民族情感中总是弥漫着哀怨和忧伤。他们热爱自然，愿意沉醉在自然轮回的愁绪中。因此，日本的菜式更注重新鲜的品质。他们对肉食对象的选择，总随着季节转换而变化。新鲜的海鲜经过仔细的加工，切成漂亮的形状，蘸食辣根芥末与酱油调制的味汁食用，是他们最大的爱好。

法国人喜欢浪漫和他们热爱享受的个性相联系。因此，他们对待美食绝不凑合，一定要至臻完美。他们坚信发明一道美食远比发现一个星球有意义，一道晚餐远比一首诗的价值更高，烹饪是文明的无名先锋。他们喜欢略带生口的菜肴，喜欢以鲜嫩的肉食配上酸甜程度不同的葡萄酒，喜欢在餐桌上寻找完美的视觉享受。

意大利美食既华丽、高雅又豪放热情，既有野性的质朴，又有不事雕琢的自然之美。意大利的肉食以原汁原味闻名，味道浓香。佛罗伦萨煎鸡胸便是其中的代表，口感鲜嫩，风味独特，带着意大利的悠远记忆。

西班牙美食就像西班牙的斗牛和舞蹈一样热烈洒脱、豪爽奔放。他们喜欢咸鲜辛辣的口感，自然醇厚的特点在肉食中表现得尤其淋漓尽致。

英国人优雅而严谨，他们的食物同样优雅而程序繁复。味道清淡但调料繁多的煎牛扒是他们的拿手好戏，肉质厚阔而肥嫩的牛背脊部骨肉是用餐的首选。

一种“肉”可以在餐桌上呈现出千百种不同的模样。餐盘中的每一个组成分子，都承担着重要的使命。它可以是一个种族文化的浓缩，亦可以是烹饪者欲言又止的一首诗，只待你来品味。

食材速查

- 冰糖 -

冰糖是白砂糖煎炼而成的块状结晶，呈透明或半透明状。既可作糖果食用，也可用于高级食品的甜味剂。

- 冰菜 -

冰菜又称冰草、冰柱子，一种营养价值极高的蔬菜。口感非常独特，既可以凉拌，也可以清炒、做汤。

- 白胡椒粉 -

白胡椒粉是白胡椒碾压而成的香料粉，香中带辣，常用来提升菜肴味道，也可去腥。

- 薄荷 -

薄荷具有医用和食用双重功能，食用部位一般为茎和叶，既可作为调味剂，又可作香料，还可配酒、冲茶等。

- 白酒 -

白酒是一种蒸馏酒，酒质无色（或微黄）透明，气味芳香纯正，入口绵甜爽净，酒精含量较高。

- 白兰地 -

白兰地是一种蒸馏酒，以水果为原材料，经过发酵、蒸馏、贮藏后酿造而成。色泽金黄晶亮，口味甘冽，醇美无瑕。

- 菠菜 -

菠菜又称波斯菜、赤根菜、鹦鹉菜等，富含类胡萝卜素、维生素 C 等多种营养成分，可烧汤、凉拌、清炒等。

- 白醋 -

白醋是酸味辅料，色泽透亮，酸味醇正。可用于烹调，腌制酸辣菜、酸萝卜等风味小吃，也可用作家用清洁剂。

- 白糖 -

白糖是由甘蔗和甜菜榨出的糖蜜制成的精糖。色白，干净，甜度高，可以增甜、调色、提鲜。

- 白萝卜 -

白萝卜是根茎类蔬菜，其味略带辛辣，能促进消化，增强食欲，在饮食和中医食疗领域都有广泛应用。

- 抱子甘蓝 -

抱子甘蓝又称球芽甘蓝。其小叶球鲜嫩，营养丰富，味道微苦。在西餐中常作配菜，也可炒食或加工制罐。

-白玉菇-

白玉菇又称白雪菇。通体洁白，晶莹剔透，菇体脆嫩鲜滑、清甜可口。

-百里香-

百里香可作为食材,西餐烹饪常用香料，味道辛香，可在炖肉、烹蛋或汤中加入。

-白葡萄酒-

白葡萄酒以优质葡萄酿制而成，酒液清澈透明，气味清爽，酒香浓郁，回味深长。

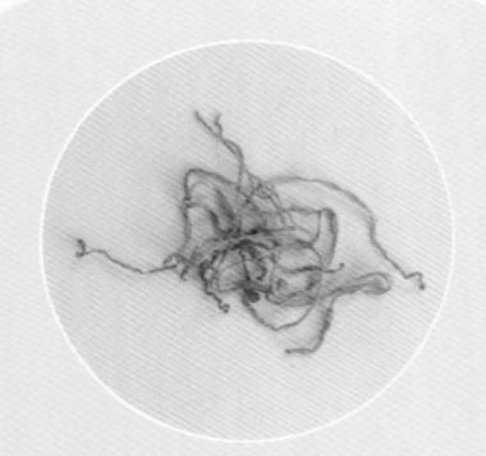

-虫草花-

虫草花又称虫草菌，是在培养基里人工培育出的蛹虫草。营养价值高，用途广泛。

-橙-

橙是一种柑果，可鲜食果肉、榨汁，也可用作其他食物的附加物，还可利用果汁酸甜的特性烹饪菜肴。

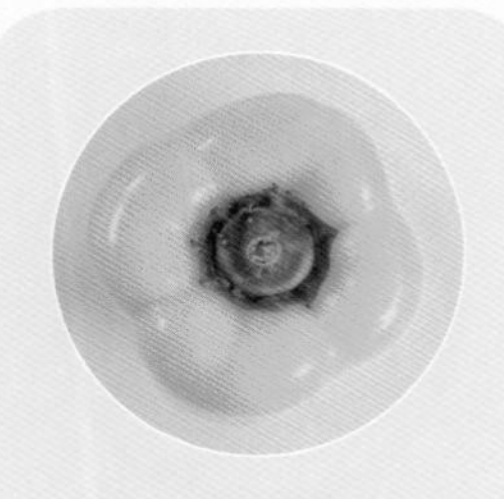

-彩椒-

彩椒是甜椒的一种。果大肉厚，甜中微辛，汁多甜脆，色泽诱人，可作为多种菜肴的配料。

- 澄面 -

澄面又称澄粉、汀粉，是一种无筋的面粉，可用来制作各种点心。

- 大葱 -

大葱是葱的一种，味辛，性微温，具有发表通阳、解毒调味的作用，常作为调味品或蔬菜食用。

- 大蒜 -

大蒜又称蒜头、独蒜。味道辛辣，有浓烈的蒜辣气，可供食用或调味。

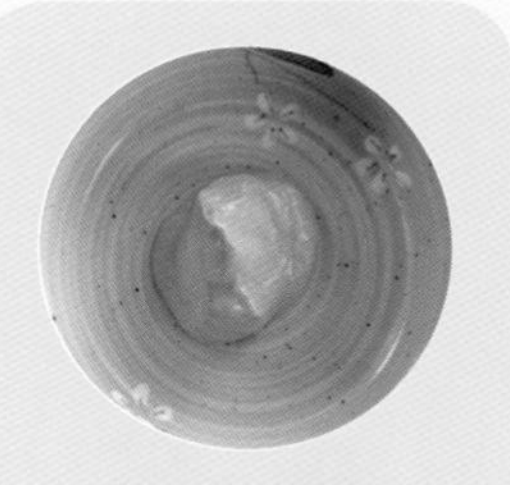

- 大藏芥末酱 -

大藏芥末酱由天然芥末籽特制而成，辣味温和，健康开胃，可在各种冷热菜肴汁酱中添加或直接蘸食，更能在食物表面直接涂抹用作烧烤。

- 番茄 -

番茄果实肉质丰富而多汁液，营养丰富，具特殊风味。可以生食、煮食，也可加工为番茄酱、汁或整果罐藏。

- 番茄酱 -

番茄酱是以新鲜番茄制成的浓缩酱汁，酸甜味道浓郁，是增色、添酸、助鲜的调味佳品。

- 枸杞 -

枸杞为茄科植物枸杞的干燥成熟果实。含有多种营养，是药食两用食材。

- 干辣椒 -

干辣椒是由新鲜红辣椒经过脱水干制而成的辣椒产品，含水量低，适合长期储藏，主要作为调味料使用。

- 干葱 -

干葱又称分蘖洋葱。肉质鳞片呈白色，带有微紫色晕斑，可用来制作调味汁。

- 橄榄油 -

橄榄油由木犀科油橄榄的果实压榨而成，是一种常用的食用油，也可用以制作化妆品、药物及油灯燃料等。

- 花雕酒 -

花雕酒属于中国的传统酿酒，酒性柔和，酒色橙黄清亮，酒香馥郁芬芳，酒味甘香醇厚。在烹饪中用作腌制用料，去腥，增香，使菜肴更加的鲜美可口。

- 海盐 -

海盐是通过直接挥发海水萃取而得，有水晶体、雪花结晶、盐花三种形态，多用于西餐中，丰富菜肴味道的层次。

－红椒－

红椒色泽亮丽，富含维生素，果肉厚实，辣味较淡，且味道清香。

－红梗菜－

红梗菜叶柄呈紫红，叶片宽大肥厚，甜嫩爽口，可炒食、涮火锅，叶子还可作菜品装饰。

－黄瓜花－

黄瓜花是指带着花的黄瓜嫩仔，鲜嫩而略带丝丝苦味。可凉拌、清炒，清香美味。

－蛤蜊－

蛤蜊又称蛤、蚌、花甲，肉质鲜美无比，被称为“天下第一鲜”，营养比较全面。

－花生酱－

花生酱以优质花生米等为原材料加工制成。质感细腻，香气浓郁，一般用作面条、馒头、面包或凉拌菜等的调味品。

－黄豆酱－

黄豆酱又称大豆酱，用黄豆炒熟磨碎后发酵制成，有浓郁的酱香和酯香，适用于蘸、焖、蒸、炒、拌等各种烹调方式。

- 火腿 -

火腿是指经过盐渍、烟熏、发酵和干燥处理的腌制动物后腿，色、香、味、形、益五绝。

- 黄油 -

黄油是由新鲜或经发酵的鲜奶油或牛奶，通过搅乳提制的奶制品。可作为调味品，也可在烹饪中使用，香醇味美，绵甜可口。

- 荷兰豆 -

荷兰豆又称荷仁豆、剪豆，嫩荚质脆口感清香，营养价值高，多炒食。

- 红叶生菜 -

红叶生菜又称红叶莴苣。叶色紫红，叶质柔软,口感软滑，纤维少，宜做炒食、拼盘、火锅。

- 黑芝麻 -

黑芝麻是芝麻的黑色种子，含有大量的脂肪和蛋白质，药食两用，能做成各种美味的食品。

- 黄瓜 -

黄瓜又称胡瓜、青瓜。果实呈油绿色或翠绿色，表面有柔软的小刺，常用作沙拉和配菜。

-海苔-

海苔是紫菜烤熟之后，经过调味处理而成。质地脆嫩，入口即化。可即食，也可制作寿司等。

-黑醋-

黑醋由高粱发酵酿造而成，富含多种矿物质和氨基酸，浓度、香度高，能去腥解腻，增加鲜味和香味。

-胡萝卜-

胡萝卜品种繁多，食用部位为肉质的根，可炒食、煮食、生吃，还可酱渍、腌制等，叶子可作菜品装饰。

-黑胡椒粉-

黑胡椒粉是黑胡椒碾压而成的香料粉，香中带辣，常用来提升菜肴味道，也可祛腥。

-花菜-

花菜又称花椰菜、菜花，是一种粗纤维含量少、品质鲜嫩、营养丰富的蔬菜。

-鸡蛋-

鸡蛋是母鸡所产的卵，富含胆固醇，营养价值很高，是人类常食用的食物之一。

- 金瓜 -

金瓜又称麦瓜、饭瓜等，鲜嫩清香，松脆爽口，营养丰富，是色香味俱佳的上等菜肴。

- 鸡粉 -

鸡粉是一种具有鲜味、鸡肉味的复合调味料，能增鲜、增香，炒菜、做馅、拌凉菜、做汤等都可使用。

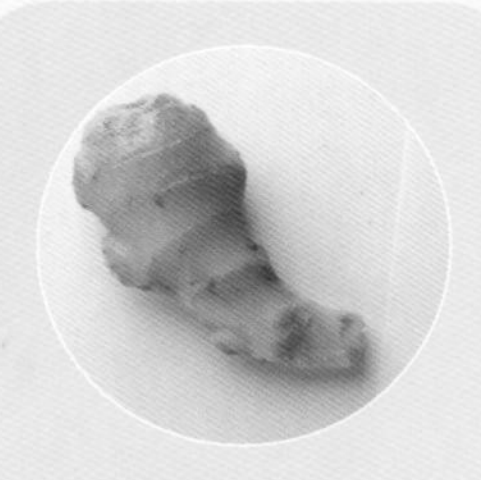

- 姜 -

姜味道辛辣，在烹饪中常用作调味料，也可制成姜汁，作药材等使用，营养价值丰富。

- 鸡汁 -

鸡汁是鸡胸肉经科学工艺提取后，精制而成的浓缩调味汁。鸡鲜味十足，口感自然，适合煎、炒、焖、蒸、煮等。

- 卡真粉 -

卡真粉是一种具地方特色风味的混合调料，可用于肉类、蔬菜等各式菜肴的调味，提升菜肴的风味。

- 辣椒粉 -

辣椒粉是由红辣椒、黄辣椒、辣椒籽及部分辣椒秆碾细而成的混合物，具有辣椒独有的辣香味。

－罗勒－

罗勒是药食两用的芳香植物，叶子有强烈的类似茴香的气味，用于烹饪可增香。

－辣鲜露－

辣鲜露是一种用以提鲜增香的调味品，口感鲜香辛辣，用途广泛，烹饪、点蘸、腌制皆宜。

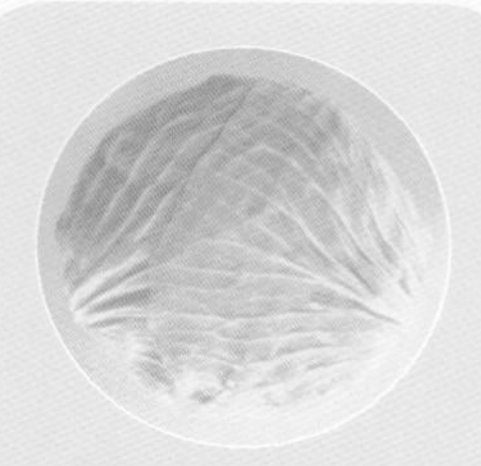

－莲花白－

莲花白又称圆白菜、卷心菜等，品质细嫩，营养丰富，味道鲜美。

－芦笋－

芦笋又称荻笋、南荻笋，营养丰富，清香脆嫩，鲜美爽口，风味独特，拌、炒、炖皆可。

－罗马生菜－

罗马生菜类似于中国的结球生菜，味微苦。不适合炒、炖、做汤，适宜洗净后直接拌食，清脆爽口。

－蓝莓－

蓝莓是一种小浆果，果实呈紫蓝色，果肉细腻，甜酸适口，且具有香爽宜人的香气，为鲜食佳品。

－蜜枣－

蜜枣属干果类，用割枣机把大青枣周身割一遍，再放入锅中用白糖煮，然后晒干即得。可即食，也可用于泡茶。

－面粉－

面粉是小麦磨成的粉末，为最常见的食品原材料之一。按蛋白质含量的多少，可以分为高筋面粉、低筋面粉和无筋面粉。

－迷迭香－

迷迭香是一种天然香料植物。叶带有茶香，味辛辣、微苦，少量干叶或新鲜叶片可用作食物调味料。

－蘑菇－

蘑菇是最常见的食用菌种之一，肉质肥厚，不仅味道鲜美，而且营养丰富

－玫瑰盐－

玫瑰盐是一种未经精制、含有较多杂质、呈粉红色的粗盐，具有独特的风味。

－奶油－

奶油一般分为动物奶油和植脂奶油，多用于西餐，可以起到提味、增香的作用。

- 奶酪 -

奶酪又称干酪、乳酪，是多种乳制奶酪的通称，有多种口感和质感，含有丰富的蛋白质和脂质。

- 牛油果 -

牛油果又称油梨、鳄梨，是一种营养价值很高的水果，一般作为生果食用，也可做成菜肴和罐头。

- 柠檬 -

柠檬的果肉汁味酸，用途广泛。在烹饪中常用柠檬汁作腌料或者调味品，提升菜品风味。

- 欧芹 -

欧芹又称香芹，属香辛叶菜类，西餐中添加较多，多做冷盘或菜肴上的装饰，也可作为香辛调料，还可供生食。

- 排骨酱 -

排骨酱是烹调特色粤菜的最佳调味料，一般用于烹制肉类菜肴，能去除异味，增加香味。

- 青柠 -

青柠又称莱檬、绿檬，富含维生素C，其汁可作调味料，可增加菜品的清香口感。

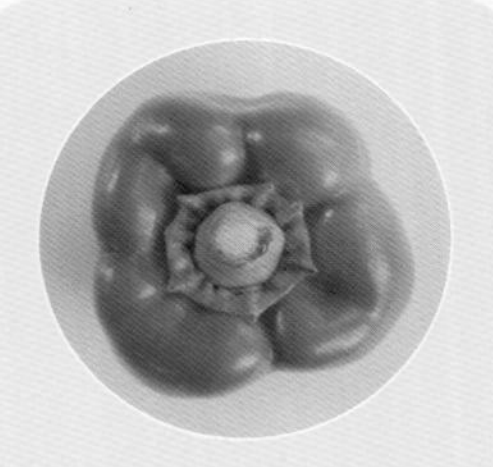

- 青椒 -

青椒肉厚而辣味较淡，属于蔬菜用辣椒，营养丰富，烹饪方式多样。

- 青豆 -

青豆是种皮为青绿色的大豆，是我国重要的粮食作物之一。富含不饱和脂肪酸和大豆磷脂，有效抗氧化，能消除炎症。

- 丘比沙拉酱 -

丘比沙拉酱酱体为蛋黄色，细腻，黏稠，香甜味，适合制作各种沙拉。

- 青金橘 -

青金橘又称青橘、山橘等。可鲜食，也可加工成果汁、果脯、果酱、果酒等。

- 苦菊 -

苦菊又称苦菜、狗牙生菜，味略苦，颜色碧绿，可炒食或凉拌，是清热去火的美食佳品。

- 肉姜 -

肉姜肉质肥嫩，具特殊香辣味，适合加工成姜粉、姜汁、姜酒等，有健胃祛寒和发汗的功效。

- 山贼酱 -

山贼酱是一种源于日本的调味料，味道类似黑椒酱，麻辣香甜。既可用于烧烤类菜，也可以用于各种烧煲类菜品。

- 十三香 -

十三香又称十全香，将13种各具特色的香料调和在一起碾磨成粉，包括紫蔻、砂仁、肉蔻、肉桂、丁香、花椒、大料、小茴香、木香、白芷、山柰、良姜、干姜等。

- 生粉 -

生粉是中餐中常用的食用淀粉。常用的生粉有玉米粉和太白粉等。可用来勾芡或上浆，亦可用作腌料。

- 沙姜 -

沙姜又称山柰、山辣等。气香特异，味辛辣。既可作调味料，也可用于食疗，能开胃消食。

- 莳萝 -

莳萝又称洋茴香，香气似香芹而更强烈，温和不刺激，味道辛香甘甜，适用于海鲜等的调味香料。

- 土豆 -

土豆又称马铃薯，块茎可供食用，含有大量的淀粉，是全球第四大重要的粮食作物。

- 泰国鸡酱 -

泰国鸡酱又称泰国甜鸡酱、泰式甜辣酱等，味酸、甜、辣。可用于各种料理搭配食用，也可作蘸酱食用。

- 五香粉 -

五香粉是将超过5种的香料研磨成粉状混合而成，常在煎、炸前涂抹于鸡、鸭肉表面，也可与细盐混合做蘸料。

- 味噌 -

味噌又称面豉酱，是以黄豆为原材料，加入盐及不同的种曲发酵而成。日本料理的主要配料之一。

- 香椿苗 -

香椿苗即香椿树种子所发的苗芽。口感香嫩，气味独特，适宜清炒、凉拌。

- 西芹 -

西芹又称洋芹、美芹。质地脆嫩，有芳香气味。营养丰富，富含蛋白质及多种维生素等营养物质。

- 小番茄 -

小番茄又称圣女果，果实鲜艳，有红、黄、绿等果色，既可直接食用，也可作为配菜。

-香菇-

香菇又称香蕈、香菰，味道鲜美，香气沁人，营养丰富，是高蛋白、低脂肪营养保健食品。

-小葱-

小葱又称绵葱、香葱。常用作调味料，生切小段撒在成品菜上，可提升菜品成色、味道，也可用作烹饪食材。

-西生菜-

西生菜又称球生菜、圆生菜。质地柔嫩，可鲜吃，也可作生菜沙拉，或煮汤。

-小米椒-

小米椒是辣椒的一种。个体小，味极辛辣，一般用作调味料。

-XO酱-

XO酱是一种产自中国香港的调味料，主要由海产品和辣椒制成，味道鲜中带辣。

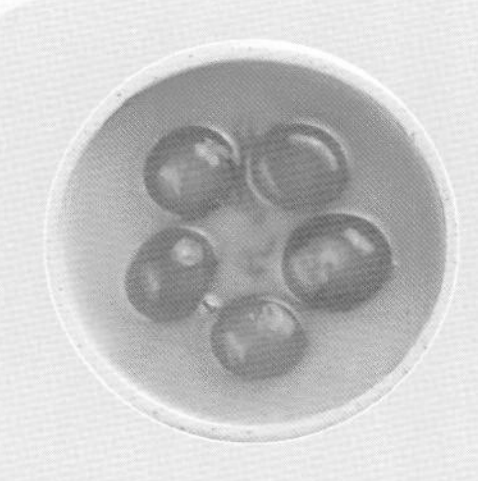

-咸鸭蛋黄-

咸鸭蛋黄即咸鸭蛋中发黄的部分，和蛋白相对，咸度适中，味道鲜美，营养丰富。

- 香油 -

香油又称芝麻油，是从芝麻中提炼出来的调味油。色如琥珀，浓香醇厚，可用于调制凉热菜肴及汤羹，去腥臊而生香味。

- 香菜 -

香菜又称芫荽，重要的提味蔬菜，味郁香，是汤、饮中的调味料，多作凉拌菜调味料，或加入汤料、面类菜中提味。

- 香茅 -

香茅为常见的香草之一。因有柠檬香气，故又称柠檬草。既可做香料，也有药用价值，还能提炼精油。

- 酵母粉 -

酵母粉是以纯生物方法制成的一种发酵粉，主要用于制作面点。

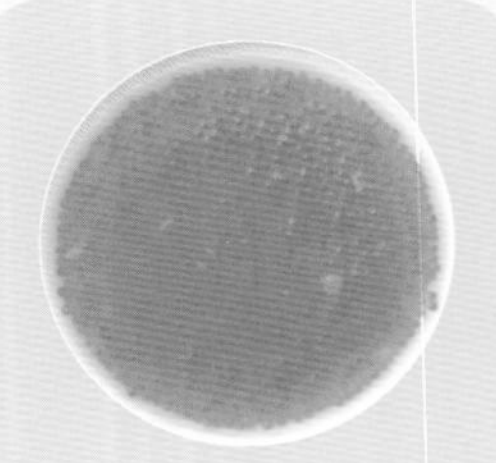

- 虾鱼子 -

虾鱼子是虾鱼的鱼子，营养丰富，可直接生食或稍加烹煮，也可经过盐渍或熏制后食用。

- 西蓝花 -

西蓝花又称绿花菜、青花菜，味道鲜美，营养丰富且全面，还有很高的药用价值。

- 蟹肉棒 -

蟹肉棒是用鱼糜加工而成的传统产品。肉质结实有韧性，咸甜鲜美，可以直接吃，也可以用作寿司、火锅等的原材料。

- 鱼露 -

鱼露以小鱼虾为原材料，经腌渍、发酵、熬炼后得到的一种汁液。呈琥珀色，带有咸鲜味，是闽菜和东南亚料理中常用的调味料之一。

- 樱桃萝卜 -

樱桃萝卜是一种小型萝卜，因外形与樱桃相似，故名樱桃萝卜。品质细嫩，外形、色泽美观，适于生吃。

- 月桂叶 -

月桂叶是甜月桂的叶，又称香叶。味芬芳，但略有苦味。用于腌渍或浸渍食品，也可用于炖菜、填馅等。

- 洋葱 -

洋葱又称球葱、圆葱、玉葱等。其肉质柔嫩，汁多辣味淡，品质佳，适宜生食。营养价值较高，被誉为“菜中皇后”。

- 玉米片 -

玉米片由玉米加工而成，金黄色，营养丰富且比较均衡，既可直接食用，又可加工成其他食品。

－燕麦－

燕麦属于小杂粮，是一种低糖、高营养、高能量食品。医疗保健价值和食用价值均高。

－胭脂萝卜－

胭脂萝卜肉红色美，质地脆嫩，辣味小。以其为原材料制成的泡菜、酱腌菜等，色泽艳丽、清香爽口。

－瑶柱－

瑶柱是扇贝的干制品，又称干贝，色淡黄而略有光泽。味道极鲜，营养丰富，可入菜入药。

－紫苏叶－

紫苏叶是紫苏的叶子，绿色或紫色，气清香，味微辛。可入菜，也有一定的药用价值。

－柱侯酱－

柱侯酱色泽红褐，豉味香浓，入口醇厚，鲜甜甘滑。可用于烹饪鸡、牛、鸭、猪等畜禽肉类，香浓入味，使肉质鲜嫩。

－椰奶－

椰奶由椰汁和研磨加工的成熟椰肉制成，低蛋白无纤维，是养生、美容的佳品。

－紫甘蓝－

紫甘蓝又称红甘蓝、赤甘蓝，色泽艳丽，营养丰富，既可生食，也可炒食，具有特殊的香气和风味。

－芝麻菜－

芝麻菜又称火箭生菜，幼苗或嫩叶部分供食用，具有很浓的芝麻香味，口感滑嫩，可炒食、煮汤或凉拌。

－蒸鱼豉油－

蒸鱼豉油是以大豆为主要原材料，经过制曲和发酵，酿造而成的一种液体调味料。咸鲜香，既能丰富菜肴的口味，也能提亮菜肴的色泽。

目录

羽下之味

所谓“羽”者，在古代乃是指鸟之长毛，故而“羽”便是以特征代本体的一种默契的暗指。羽下之覆者，即是鸟的身体，对于饕餮来说便是味之所在。

中国古人很早就将鸟禽作为食用对象。“鸡”作为六畜之一，乃是家庭兴旺之机，更是餐桌上不可缺少的美味。东晋道教学者葛洪曾在《神仙传》中记载，夏朝大彭国始祖彭祖“善养生，能调鼎，进雉羹于尧，飨食之”，可见以鸟禽做汤羹的饮食传统，很早就开始了。民间将发明鸟羹汤食的故事赋予以长寿闻名的彭祖，可见其养生意义是得到极大的肯定的。

到了周朝，随着经济的发展，百姓的生活得到了极大的改善，畜养的鸟类也多了起来。《周礼 · 天官冢宰》记载：“庖人掌……六禽”，集注谓“六禽”乃“雁、鹑、鷃、雉、鸠、鸽”。鸟类，尤其是家畜鸡鸭，以其常见广布而成为家家皆易取的美食。例如，《证类本草》曾有记载：“雉，《本经》不载所出州土，今南北皆有之。多取以充庖厨。”

宋朝诗人陆游在《饭罢戏示邻曲》中谈到鸡与鹅的美味：“今日山翁自治厨，嘉肴不似出贫居。白鹅炙美加椒后，锦雉羹香下豉初。箭茁脆甘欺雪菌，蕨芽珍嫩压春蔬。平生责望天公浅，扪腹便便已有余。”其中“白鹅炙美加椒后”乃是香椒烤鹅肉，“锦雉羹香下豉初”则是炖鸡汤，再配以甘脆的笋尖及鲜嫩的蕨菜芽，实在是一餐美味。此外，陆

游还在《饭罢戏作》中提到“蒸鸡最知名，美不数鱼蟹”，表达对四川美食之爱。

宫廷美食对禽肉也是极为重视，为讨吉利之意，宫廷中呼“鸡”为“凤”。明朝官宦刘若愚的《酌中志》中称：“每日早午晚奉先殿供养膳品，……有所谓熟凤烹龙者，凤乃雄雉，龙则宰白马代之耳。”而民间以“凤”名代禽鸟美味者，也越见成风。

须知以鸟禽之味为美者，不独中国，欧洲各国也是颇有心得。譬如口感丰腴味美的法式鹅肝，在当时的上流社会掀起了美食风潮；又如做法多样、佐味调料百出不穷的鸡鸭胸脯肉等。在西式餐点中，厨师更注重菜品的精致典雅，量不可多，少少的一份即可，但是必须经过细心的装点、摆盘方可上桌。这一点是中国民间菜大炖、大烧所无法顾及的。中国民间土菜，更有浓浓的乡土气，肆无忌惮地大快朵颐，唯饱足是福，实在是优雅不足，却也是天地间一大快事。

佛罗伦萨煎鸡胸

古希腊和古罗马是当之无愧的西方文明的源泉，从抒情巨著《荷马史诗》到充满美和想象的维纳斯雕塑，从被称为艺术经典的赫拉神庙到传承至今的奥林匹克，每一步的脚印都深而厚重，影响深远。

意大利，在此发源。如同一个出身高雅的贵妇，优雅而富有创造力。自罗马城兴建以来，王公贵族们纷纷以研究美食及拥有厨艺精湛的厨师来展现自己的财富权力。他们以此为荣，乐此不疲。每座城市都成就了自己独特的料理特色，这造就了被称为“西餐之母”的意大利菜的独特魅力。

佛罗伦萨位于意大利中部，其更具诗意的想象大概来自徐志摩的译名，他称它为“翡冷翠”。这座城市如同一颗翡翠般闪耀着高贵而古朴的光芒，偏偏又清冷如夜，直教人想到猫儿眼中的幽光。

煎鸡胸是佛罗伦萨的经典美食之一。菜名简单到令人无法发挥想象，但是仅菜谱中罗列出来的十多种配料就足以让人为它的精致、繁复而赞叹。这道菜如同那些远去的历史一样，制造了一个足以使人编织唯美梦境的味觉记忆，让匆匆流逝的千年古城历史也为它驻足。

当焦嫩的鸡胸肉，触碰到敏感的味觉神经，你会发现，你简直难以向同伴形容它的美好。舌尖滚动的是回味悠长的白葡萄酒、蒜末洋葱的刺激以及辣椒的辛味、蔬菜的甜味，等等。它们似乎都被味觉分清，又似乎融为一体，令人忍不住去追逐、去探寻，就如同佛罗伦萨的古老记忆。你大概会在夕阳下，城市的残壁旁，邂逅新的奇遇。

食材

主料

鸡胸肉	2 块

1 鸡胸肉

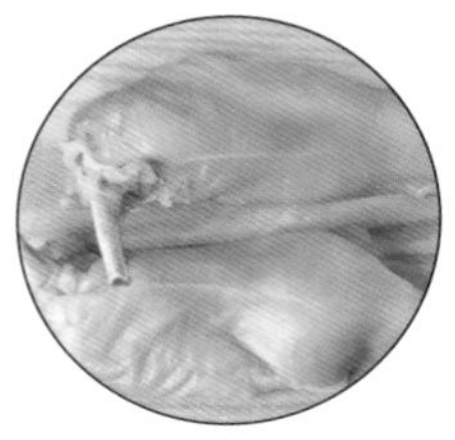

鸡胸前的一块肉，营养丰富，对人体的生长发育有利，还有一定的药用价值。

配料

橄榄油	40mL
芝士碎	30g
鸡高汤	150g
椰奶	150g
黄油	50g
洋葱碎	20g
蒜末	20g
白葡萄酒	50g
西芹丁	15g
胡萝卜丁	10g
白萝卜丁	10g
黄椒丁	10g
红椒丁	10g
干辣椒	3g
土豆丁	10g
青豆仁	50g
海盐	2g
白胡椒粉	2g
白糖	2g
香叶	1 片

1 | 2
3

步骤

1. 用 1g 白胡椒粉、1g 海盐、适量白葡萄酒、橄榄油给鸡胸肉码味。
2. 平底锅烧热后放入橄榄油，再将鸡胸肉放入锅中煎至上色且有焦香。
3. 在煎鸡胸肉的油中加入蒜末、洋葱碎，再倒入白葡萄酒烧开，酒精挥发后加入适量椰奶、剩余的海盐、白胡椒粉拌匀，再放入适量黄油至融化，过滤即得酱汁。
4. 将酱汁淋在鸡胸肉上，加入 30g 芝士碎后放进烤箱，以 200℃烤 20 分钟。
5. 锅烧热，倒入剩余橄榄油，再放入剩余蒜末、洋葱碎和香叶、干辣椒翻炒一下，然后倒入鸡高汤、红椒丁、黄椒丁、胡萝卜丁、白萝卜丁、西芹丁、土豆丁、青豆仁、白糖和剩余的椰奶、黄油，煮至软烂。
6. 将煮好的酱汁倒入盘中，再放上烤好的鸡胸肉即可。

扫一扫了解更多

4
5
6

香煎鸡扒蘑菇芦笋卷配风味芥末酱

法餐崇尚精致，讲究调味，搭配优雅而清淡，犹如春风一度，只吹起涟漪，却不唤花开。

所谓“香煎鸡扒蘑菇芦笋卷配风味芥末酱”，乃是讲究“鲜嫩”的法餐中少见的“成熟派”。菜名已很好地诠释了法餐素色、重调味的特点。

蘑菇、芦笋是法餐中经典的配菜，色调青嫩，味鲜不腻，衬托出菜品的本味。

“绿柳才黄半未匀”，金黄的鸡扒卷掩住了卷心的鲜材，而精心摆上的芝麻菜和苦菊再次强调了这道菜的雅致。过油的鸡扒，难免使人感到油腻，生鲜的搭配精髓就在于中和这种腻味，正如人们在繁华喧闹中追求的“素而不寂，暖而不腻”。

南宋词人周密曾在推杯换盏中醉歌，“腻叶阴清，孤花香冷，迤逦芳洲春换”。孤花香冷，应是落蒂，就算叶阴浓密，难耐清冷，才猛觉春去不在，而留恋的盛世红尘终归怅然。于是有清宵梦，于是逐花过江南岸，荡归心，却是如这一道清名淡雅的域外佳肴，以一句平调，不着痕迹，半分不动地诉说了“几千万缕垂杨，翦春愁不断”的静默愁思。而无人知晓，这份忧愁的皈依，或许在瑶台畔，或许是春风面，又或许在溪山渐远，重门不断。

入口，视觉的清淡精致、十分愁绪统统一扫而光。只余芥末微苦辛辣的芳香，不断刺激着味觉，瞬时间，又真是别是一般滋味在心头。

主料

无骨鸡腿肉	2块

鸡从脚到腿的部位，是整只鸡肉最多的部位，其肉多而瘦，富有鸡鲜味，肉质颇坚实。

配料

配料	用量
芦笋	4根
蘑菇	4枚
芝麻菜	3片
嫩苦菊	3片
海盐	5g
黄油	30g
黑胡椒粉	5g
卡真粉	8g
大藏芥末酱	8g
干葱	1枚
奶油	50g
辣椒粉	2g
鸡粉	2g

1 | 2
3 | 4

1. 将蘑菇切厚片，芦笋切段，干葱剁碎。
2. 鸡腿肉改刀，两面撒上适量海盐、黑胡椒粉、卡真粉。
3. 热锅下油，放入一半干葱、蘑菇、芦笋翻炒，然后放入些许海盐、黑胡椒粉调味，盛出备用。
4. 将鸡腿肉放在保鲜膜上，再把蘑菇、芦笋放在鸡腿肉上，卷成卷后裹上保鲜膜，然后放入冰箱急冻，使其定型。
5. 热锅中放入适量黄油、大藏芥末酱和剩余的干葱翻炒几下，然后放入剩余的奶油、辣椒粉、海盐、鸡粉，拌匀。
6. 蒸锅预热，将冷冻定型的鸡肉卷放入蒸锅中蒸8分钟左右，然后取出并去除保鲜膜。
7. 热锅中放入剩余黄油，化开后放入鸡肉卷煎至焦黄，然后放入烤箱，以200℃烤5分钟。
8. 将烤好的鸡肉卷切成段，在盘子中间浇酱汁（步骤3所制），放上鸡肉卷，再淋上酱汁，最后放上芝麻菜、嫩苦菊即可。

5 | 6 | 7 | 8

扫一扫了解更多

意式香草番茄烩鸡扒

娇艳欲滴的番茄，绝不会让你联想到它曾是毒药，而它的平凡也让你难以相信它曾经还是用来向女王示爱的“爱情果”。翻阅古籍，你就会发现，中国人的记述实在含蓄得多，褪去了猜疑和浪漫的外衣，细读来，只有短短二十来个字：“茎似蒿，高四五尺，叶似艾，花似榴，一枝结五实，或三四实。”

尽管这些记述已经极尽可能地让你认识这种植物，但是其给人的印象远不如你第一次切开它的那一刹那。当闪着寒光的细刃毫不留情地剖开它，鲜红的汁水如同是随生命流逝一般流淌而出。这时候，你会看见或青或黄的小籽，满满地塞在鲜红的肚腹中。麻利地去籽、切块，就看它变成了一颗颗鲜红的小补丁，呆呆地待在菜板的一角，可爱又诱人。

然而，面对即将到来的美味邂逅，你做出一副不为所动的架势。锅里的黄油立刻让你转移了注意力，白蒜下锅，已经翻炒到变色。番茄与朝天椒一起被倒入了锅中，又与百里香、黑胡椒、月桂叶混着白葡萄酒和茄汁，加水煮沸。眼睁睁看着鲜红的汤水一点点黏稠，一股奇异的浓香，开始在空气中弥漫。夏日般的梦幻味道，让你简直无法克制自己想要用手指头偷偷蘸一点送进嘴里的冲动。

洒上意大利菜必不可少的碎罗勒叶，翻炒。这时候等待已久的金黄色鸡扒终于下锅，并被经过熬煮已由鲜红变为暖红的番茄汁渐渐淹没，直至融为一体。当味道渗透，曾经用爱情果求而不得的爱情终于获得了结果——炽烈而哀痛后的温暖相守。

食材

主料

无骨鸡扒	2 块
番茄	280g

1 无骨鸡扒

鸡从脚到腿的部位，是整只鸡肉最多的部位，其肉多而瘦，富有鸡鲜味，肉质颇坚实。

2 番茄

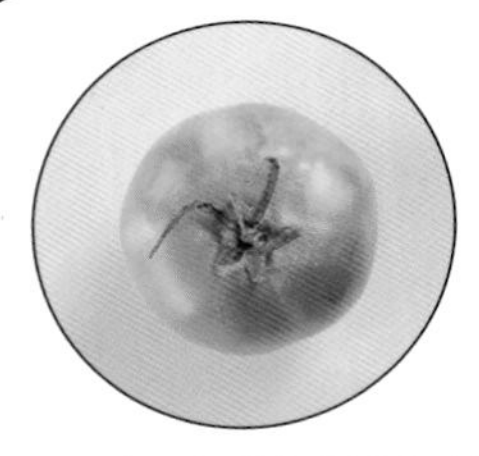

又称西红柿，肉质丰厚而多汁液，营养丰富，具特殊风味。可以生食、煮食，也可制成番茄酱、番茄汁，或整果罐藏。

配料

黑胡椒碎	8g
海盐	10g
鸡粉	9g
黄油	65g
柠檬	1/4 个
大蒜	50g
百里香	5g
朝天椒	4 个
新鲜罗勒叶	5g
月桂叶	1 片
番茄汁	30g
白葡萄酒	20g
糖	5g

步骤

1. 番茄去皮、籽后切丁，蒜切丁后剁碎，朝天椒切小粒后剁碎，百里香摘去叶子，罗勒叶留 3 片，其余全部撕碎。
2. 用厨房纸将鸡扒表面的水分吸干，表面撒上海盐、鸡粉、黑胡椒碎并按压几下，再挤入柠檬汁，用手搓几下。
3. 将小锅加热后放入适量黄油，待黄油融化，放入蒜碎炒至变色，再加入番茄继续翻炒，接着加入朝天椒炒几下，再加入百里香、月桂叶和剩余的黑胡椒碎；倒入番茄汁和白葡萄酒拌匀，加水煮开，然后加少许海盐、糖、鸡粉，煮开后盛出备用。
4. 锅烧热，放入剩余黄油至融化，再放入鸡扒，皮朝下煎至金黄色，再翻面煎熟后取出切小块。
5. 平底锅加热后放入罗勒叶碎和炒制好的酱（步骤 3 所制），翻炒几下，再放入切好的鸡扒拌匀即可装盘，最后放上没撕的罗勒叶。

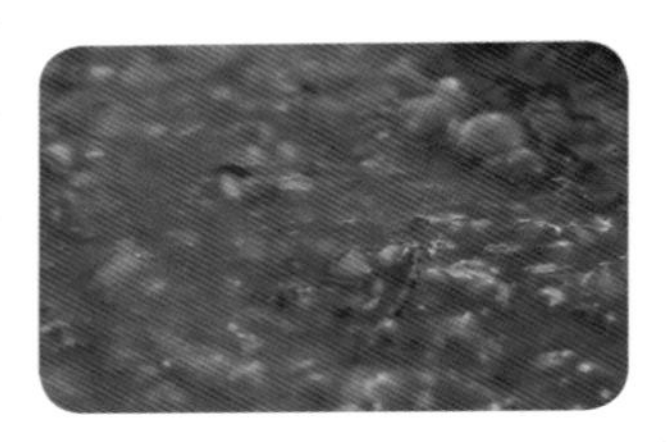

1

2

3

4 | 5

扫一扫了解更多

竹荪炖老鸡汤

竹荪炖老鸡汤，乃是贵州民间极为推崇的一道秘制养生汤。它看似不起眼，却是传说中充满神奇的“不老汤”。此汤绝不似霍夫曼故事中那位身负原罪的梅达尔杜斯喝下的迷魂汤那般诱发欲望，而是纯粹的温补之极品。

竹荪曾是皇族专享的“宫廷贡品”，深绿的菌帽，雪白的菌柄，一围细致洁白的网状裙摆从菌盖向下铺开，玲珑又窈窕，难怪时人迷于其姿容，献以“雪裙仙子”的美誉。而其味之精妙、营养之丰富，又使得其风靡世界，瑞士人授其名“真菌之花”，巴西人唤其为“妙龄女郎”，俄国人尊其为“菌中皇后”，法国人予以其“山珍之王”的美名。清代《素食说略》唤之“竹松”，盖其常见于枯竹之末，又赞之“清脆腴美，得未曾有”。

既有鲜食，不应缺少另一珍品。“生东南海中，白壳紫唇”，乃是“百味之冠”的美食——蛤蜊。

一盅竹荪炖老鸡汤，集精华与鲜味，令人倾心不已。慢火煲炖后的“蕾丝纱裙”变得清脆爽口，搭配微微张口的蛤蜊和红枸杞、软烂的鸡块，实在是一道诱人的美食。

食材

主料

老母鸡肉	100g
竹荪	3g

1 老母鸡肉

钙质多，脂肪含量较高，适宜炖汤，味道鲜香，有益气养血、健脾补虚之效。

竹荪

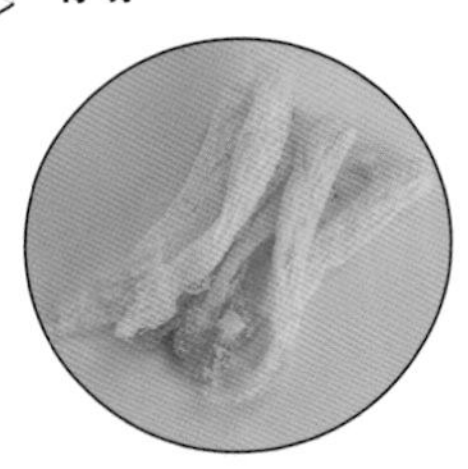

又名竹笙、竹参，是一种珍贵的食用菌。其色泽浅黄，味香，肉厚、柔软，可与肉共煮，味美。

配料

蛤蜊	5只
枸杞	5粒
姜	3g
盐	2g
鸡汁	5g

1 2
3 4

步骤

1. 将姜切成小粒。
2. 将老母鸡肉剁成块，再放入滚水中汆烫去腥，然后捞出。
3. 竹荪用清水浸泡洗净，去除根部和伞盖，然后切段。
4. 蛤蜊浸淡盐水吐沙。
5. 鸡块、姜粒放入炖盅，倒入清水，蒸约30分钟。
6. 加入蛤蜊、竹荪、枸杞、盐、鸡汁继续蒸，蒸至鸡肉熟烂、蛤蜊开口即可。

5 | 6

扫一扫了解更多

生焖鸡中翅

说起吃鸡，许多人都会对鸡翅情有独钟。鸡翅肉质嫩滑，富含胶原蛋白。而中翅又是鸡翅三部分中口感最好的一个部位，因其较之翅尖，肉多，而较之翅根，肉质更嫩，所以做法也是层出不穷，是“吃货”的心头爱。

中翅的做法虽多，但是能保留其肉质原味的技法并不多，“焖”算是个中翘楚。

生焖鸡中翅，所需原材料很简单，虽不如西餐精致，却保留了它的原汁原味。成菜没有过多的点缀和加工，整整齐齐地装盘上桌，却又不显单调。

虽然步骤简单，但是要将中翅焖腌入味、收汁刚好，并不容易。十数次的烹调，才能成功地盛出这一盘味足色美的中翅。它是单纯的爱意，却容不得随心忽视，容不得给予它在餐桌上可有可无的位置。舌尖流转的，是酸、是甜、是苦、是辣，是唯有尝过的人才知道的特别。就这一道餐桌上的朴实菜肴让你仿若看到，温暖其实就在身边。

食材

主料

鸡中翅	400g

1 鸡中翅

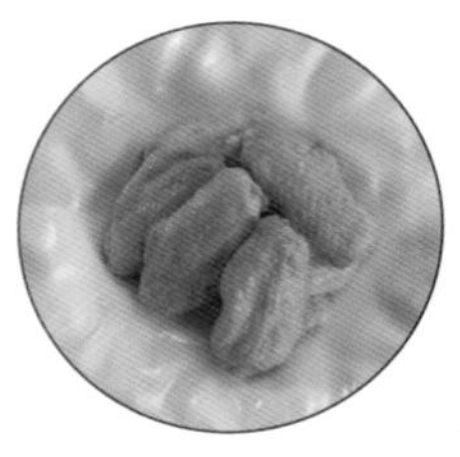

鸡翅的中间部分。色泽白亮并富有光泽，肉质富有弹性，宜烤、卤、烧。

配料

大蒜	15g
肉姜	10g
花生油	50g
生抽	20g
花雕酒	50g
冰糖	8g
十三香	3g
鸡粉	5g
小葱	50g

1	2
3	4
5	6

1. 将肉姜切片。
2. 将大蒜用刀拍碎。
3. 将小葱切段。
4. 鸡中翅与姜片、葱段、适量花雕酒拌匀，腌两三分钟。
5. 热锅中倒入花生油，放入鸡中翅，用中火煎至两面金黄，再放入剩余的大蒜、姜片，煎一会儿。
6. 锅中加入水、鸡粉、十三香、生抽、冰糖和剩余的花雕酒，加盖，大火转中火煲 10 分钟，然后收汁装盘即可。

扫一扫了解更多

酸橙青柠汁烟鸭脯佐黄油

酸橙和青柠皆是开胃提味的佳品，近几年，也渐渐成为美食爱好者的宠儿。尤其是泰国人，最识青柠的美妙，盘盘菜式几乎不离青柠，不管煎炸烹煮，非要滴上几滴青柠汁，方可享受美食的精妙。

当青柠汁和酸橙汁带着自然生命力的清香缓缓滴入热油锅中，金黄发亮的黄油变得清透，然后随着圈圈涟漪荡漾无形留下淡淡的清香。细微一辨，就像夏日里的一块带着雾气的冰雪，清爽得令人战栗。

橙片和青柠颗粒被陆续地放入热油中，在煎熬中褪色，失去了原本青涩的模样，出锅时，已换上了另一番诱人的风味。

当酱汁浇在金黄的鸭脯上，青涩与成熟的口感并存，正如人生。

食材

主料

鸭脯	500g

1 鸭脯

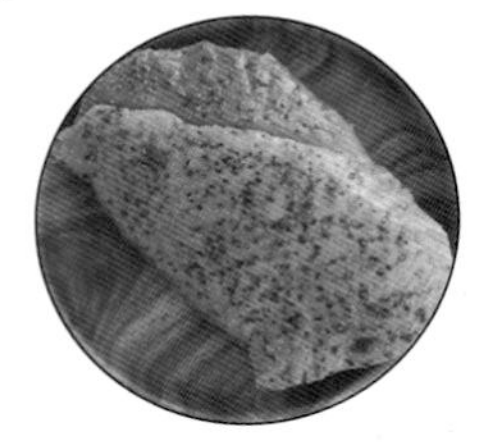

鸭胸部的肉，光洁金黄，含有丰富的蛋白质、烟酸，适于滋补。

配料

橙	1个
青柠	1个
嫩苦菊	6片
青柠汁（浓缩）	8g
黄油	15g
鸡粉	2g

1	2
3	4
5	6

步骤

1. 将橙去两头后对半切开，一半去皮后切成厚片；将青柠去两头后对半切开，一半去皮后切成颗粒。
2. 将剩余的半个橙和半个青柠挤成汁，并用滤网过滤。
3. 锅烧热后放入橙片，煎至两面焦黄后取出；同时将烤箱预热至 250℃。
4. 锅烧热后放入适量黄油，再放入鸭脯，煎至两面金黄后放入烤箱，以 250℃烤 8~10 分钟。
5. 锅烧热后放入剩余的黄油，化开后加入青柠颗粒、浓缩青柠汁、青柠汁、橙汁、鸡粉、橙片，一起煎一会儿后盛出做酱汁待用。
6. 烤好的鸭脯切成片，然后将橙片放在鸭脯片之间，装盘后浇上酱汁（步骤 5 所制），最后放上嫩苦菊即可。

扫一扫了解更多

农家三杯鸭

所谓“三杯”，通常被认为是指三杯不同的调味料。然而经过各地美食文化的浸润和创新，传统的“三杯鸭”早已有了更多的口味。“三”也和众多中国文化中的特殊数字一样，变成了调味料种类数的泛指。尽管如此，有三种调味料是万变不离的核心，即食用油、酱油和酒。“三杯”的做法在台湾和赣中、赣南等地广为流传，若要访其源头，传说版本层出不穷，但无一例外都讲述的是关于窘境之中的爱与善。这大概就是“三杯”的文化精髓。

“三杯”的调味料很朴素，保留了食材本身最原始的味道，这正是典型的客家菜的烹调方法，既不破坏食物的营养和纤维，也不添加过重的调味料。一遍遍地收敛汤汁，避免原味的流失，又使调味料能够最大程度地渗透，激发食材本身的鲜美。

当“三杯”之味凝缩于结实细腻的鸭肉块中，所有的纤维清晰可辨，呈现出发亮的色泽。出锅的“三杯鸭”，酱香中透着奇特的香味，仿若川菜常说的“百味”或者“怪味”，但是又更加地鲜香解腻。

一入口，意料之外的咸香，竟同时让人想起了酱制和熏制，究竟是哪一种，却辨不清，而一种关于思乡的情绪却猝不及防地涌上心头。一如那些关于“三杯”起源的朴实传说，不华丽，却有最动人的温暖。

食材

主料

家鸭 1只（约900g）

鸭肉

家鸭的肉，为全世界最为普遍的肉品之一，也是人们进补的优良食品。营养价值很高，十分美味。

配料

白酒	25g
干辣椒	5g
肉姜	30g
小葱	50g
生抽	50g
老抽	20g
冰糖	15g
五香粉	5g
花生油	约100g

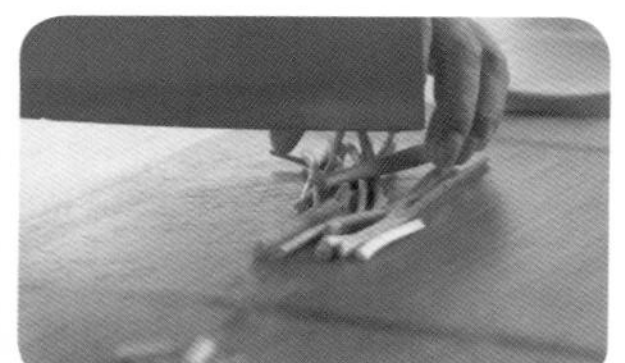

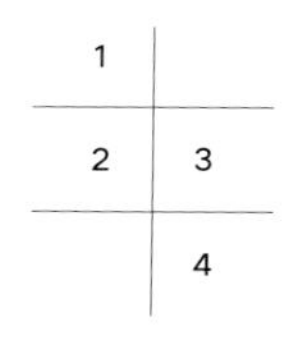

步骤

1. 将家鸭清洗干净后剁成小块。
2. 将肉姜切片。
3. 将小葱切段。
4. 锅烧热后倒入适量花生油和鸭肉翻炒，直至把水分炒干，然后盛出。
5. 锅烧热后倒入剩余的花生油，再放入姜片，炸至七成干。
6. 锅中倒入鸭肉略翻炒，再加入白酒、清水、生抽、冰糖、老抽、五香粉、干辣椒，加盖，大火煮开后转中火煲。
7. 若锅中汤汁剩余较多，可开大火收汁到八成后装盘，最后放上葱段即可。

5 | 6 | 7

扫一扫了解更多

香煎鸭胸肉配黑椒甜青豆

鸭胸肉是许多健身达人极为偏爱的一款肉食，其低脂却富含高蛋白，怕胖的女孩儿大可以放心地去尝试。鸭胸肉滑腻而不肥，口感香嫩。要想充分释放出鸭胸肉的美味，火候的把握非常重要，法餐在这一点上是做得最地道的。

将黑胡椒碎均匀地撒在鸭胸肉上，用手指充分地按摩码味，使黑胡椒味最大限度地渗入肉分子中。最重要的是接下来以慢火低温细细煎烤，这一环节需要精心与耐心。在温度慢慢穿透肉块的过程中，最底部的肉开始散发出诱人的香味，这种香味混着黑胡椒的辛香，勾起了唾液的热烈回应，令人几欲垂涎。鸭胸肉中的油脂变成晶莹的油珠，在锅底跳动。将肉块翻身，便看到一层薄薄的脆皮已渐成金黄色，让人忍不住联想，那表皮在唇齿间微微一碰便酥脆地碎裂开来。

这道菜最重要的在于配上好的酱汁。胡萝卜泥既营养又美味，微甜的口感配上红梗菜的轻酸，十分巧妙地中和了鸭胸肉的油腻。白瓷小盘中，随心地刷上一层酱汁，精心地摆上鸭胸肉，再摆上煎熟的甜青豆与荷兰豆，配上如艳霞般撩人的胭脂萝卜，一种温馨而浪漫的风情即刻如少女的芬芳一样熏人欲醉。

食材

主料

鸭胸肉　　220g

1 鸭胸肉

鸭胸部的肉，含有丰富的蛋白质、烟酸，适于滋补。

配料

干葱	2 枚
甜青豆	30g
胡萝卜泥	80g
红梗菜	3 片
胭脂萝卜	3 片
荷兰豆	1 片
海盐	3g
黑胡椒碎	2g
黄油	20g
橄榄油	10g

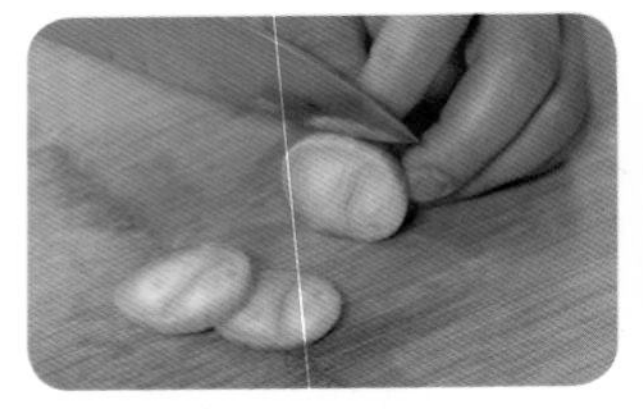

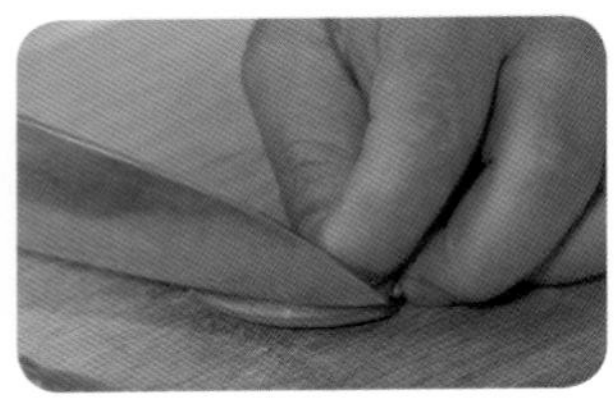

1 2
3
4
5

步骤

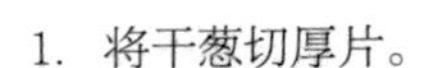

1. 将干葱切厚片。

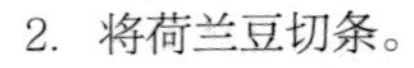

2. 将荷兰豆切条。

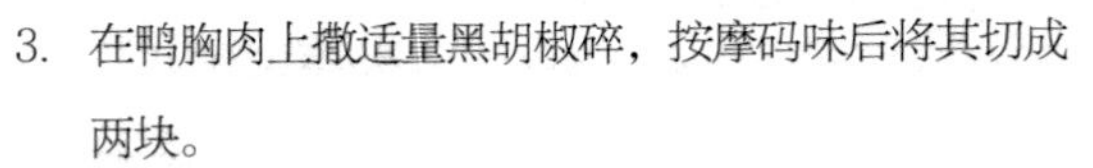

3. 在鸭胸肉上撒适量黑胡椒碎，按摩码味后将其切成两块。
4. 在平底锅内加入橄榄油，低温慢煎鸭胸肉，煎至两面金黄，然后把多余的油滗出。
5. 平底锅烧热后放入适量黄油，再倒入甜青豆，撒上海盐和剩余的黑胡椒碎，煎一会儿后盛出。
6. 热锅中放入剩余的黄油，再放入干葱、荷兰豆，煎熟后盛出。
7. 将煎好的鸭胸肉切块。
8. 在盘底刷上胡萝卜泥，依次放上鸭胸肉、甜青豆、干葱、荷兰豆、胭脂萝卜、红梗菜，最后撒上海盐即可。

6 | 7 | 8

扫一扫了解更多

羽下之味 No.9

鹅肝芝士蓝莓薄饼

在法国餐厅，鹅肝一定是顶级的招牌菜肴，其令人咂舌的价格，往往让很多“美食饕餮”望而却步。鹅肝，是法国人最推崇的传统名菜，甚至有“没尝过鹅肝，不能算是真正吃过法国菜”的说法。

鹅肝，法语为“Foie Gras”，可以译为“肥肝”。法国人浪漫地形容鹅肝之味，恰如浪漫极致的湿吻，充满了罪恶的诱惑。据说这一道法国美食的发现获幸于埃及人。他们在创造金字塔文明之余，发现了秋天迁徙的野鹅的秘密。这些野鹅为了积累在飞行中身体所需要的养料，竟然通过暴饮暴食来获取足够的能量，而卡路里的过度堆积在肝部形成了鲜美可口的“脂肪肝”。是时在埃及享受温香暖玉的凯撒大帝便有幸享用了这一道美食，惊异于其丰腴美味的口感，他将其带回了欧洲，引发了当时上流社会的一段美食风潮。

鹅肝与蓝莓的搭配绝对是法国菜中的经典。将金黄至嫩的鹅肝摆在薄脆的烤饼上，再环绕摆放美味的蓝莓和新鲜的芝麻菜、奶酪。红色的小番茄也能配色、调味，自然不能落下。一番点缀，再浇上橄榄油和黑醋，整道菜俏皮又美味。尝到嘴里，连心情也莫名地明媚起来。

食材

主料

鹅肝	50g

1 鹅肝

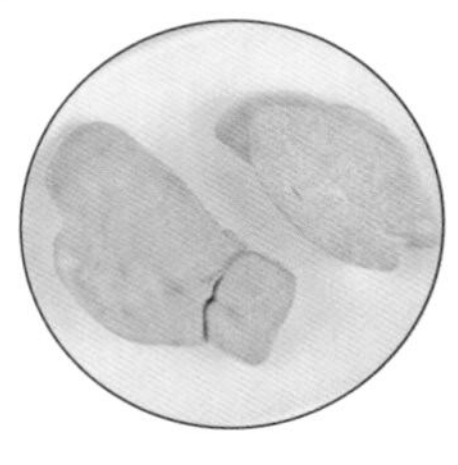

鹅的肝脏，含有丰富的营养物质。质地细嫩，风味鲜美，与鱼子酱、松露并列为“世界三大珍馐”。

配料

蓝莓	100g
芝麻菜	20g
小番茄	3 个
奶酪	50g
高筋面粉	200g
酵母粉	7g
橄榄油	100g
海盐	5g
黑胡椒粉	2g
黑醋	5g

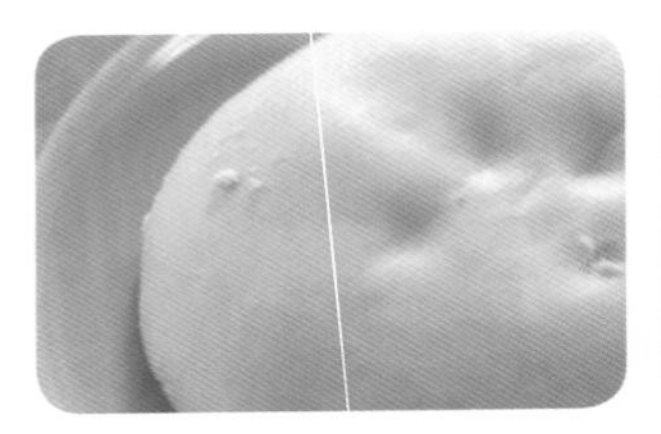

1 2
3 4

步骤

1. 将高筋面粉、酵母粉、橄榄油、适量海盐和水倒入碗内并搅拌均匀，常温发酵半个小时。
2. 将小番茄切成两半放在烤盘上，再放入烤箱以100℃烤两个小时。
3. 发酵好的面团用擀面杖擀成饼状，再用叉子在擀好的饼表面插满小孔，然后放在烤网上，放进烤箱以 200℃烤 8 ~ 10 分钟。
4. 鹅肝两面撒上黑胡椒粉和剩余的海盐，腌 20 分钟左右。
5. 锅烧热后倒入橄榄油，再放入腌制好的鹅肝，煎至两面焦黄后取出切块。
6. 将鹅肝摆在烤好的饼上，在鹅肝周围摆上蓝莓、芝麻菜、奶酪，再放上烤好的小番茄，淋上剩余的橄榄油和黑醋。

5 | 6

扫一扫了解更多

行走的食单

有人说，人类社会发展了多少年，食肉文化便有多少年。其实，我想，大概还要更早些吧。早到万物生发之初，动物们为了寻求生存，便会从肉食中汲取能量，其中的佼佼者乃是白垩纪末期著名的肉食家——霸王龙。然而，一轮毁灭之后，人类受到宠爱并掌握了食肉的主权，创造出了日益繁荣的肉食文化。

若说，人类与动物的食肉区别在哪，乃是“文化”二字。“文”乃是规律集中的表象，而“化”正是传播的依据。饮食习惯若要达到文化的高度，必是满足了人类的集体审美和喜好的。如今，仅中国的饮食文化便形成了各具特色的“八大菜系”，又遑论世界民族林立，其丰富灿烂远不是白垩纪时期能比的。

既然聊“食肉”，以人类之智自是上天下海无不能吃，无不敢吃，样样能总结出一套“攻守皆宜”的吃法。而“行走的食单”，则挑选了关于怎样烹调圈养“走兽”的心得，其色香味无不是饮食文化的翘楚。

猪肉，是中国人餐桌上最常见的肉食之一。自古猪肉便不及牛羊珍贵。等级分明的礼仪文化更是为此提供了详证：“天子食太牢，牛羊豕三牲俱全，诸侯食牛，卿食羊，大夫食豕，士食鱼炙，

庶人食菜。”然而，正是因为猪肉能被更多人享用，才让中国文明创造了数量首屈一指的猪肉菜肴，煎炸烤煮，样样不落俗套，样样都是令上至达官贵人、下至平民野夫垂涎不已的美味。

说到牛、羊肉，当代人尤其是时尚青年，立马条件反射地想到了西餐。“西”乃是和中国菜、日本料理等“东方菜”相对的一个称呼，其风格更是包括了法式、英式、意式、俄式、美式以及地中海等极具地域特色的菜肴。牛肉和羊肉是其中最普遍的肉食选材。西餐不仅追求味之享受，更是追求礼仪上的优雅和精致。仅仅对牛肉的食用方法的解读，就可以从不同部位的肉质、成熟度、烹调方法、配菜、酱料、配酒等方面说上三天三夜不停歇。

“行走的食单”，仅九道菜，便可让你领略古今中外各国肉食文化风情。不尝一尝，品一品，又岂知哪些是你的心头所爱呢？

行走的食单 No.1

生熟地炖龙骨汤

“老火汤”是广东食补的精髓，火候足，时间长，非精心不可煲其十足滋味。一碗汤便是一段温情脉脉的挂念，是广东女人痴心不语的付出。岂不知古有“锦水汤汤，与君长诀”，虽音意之别，然“汤”者如何不似这浩荡之锦水，是女子一生托付的断送。“女也不爽”，成就了一心一意的温柔，小小的一只玉碗里，却是十分的功夫，煲的不是迷恋的记忆，却是藏在心灵深处的海誓山盟。

“老火汤”之精就在于炖煮的时间加倍的长，当繁多的材料纷纷在火海之中化为一体，不分彼此，便成就了一个痴恋的故事。只望不分彼此，不悔不弃，乃愿献身成仁。

看来平常却是不凡，当一位女子频繁地为你煲这味温润的“老火汤”，你是否了解这心思的珍贵呢?

生熟地炖龙骨汤乃是“老火汤”之经典。以龙骨为主料，去腥去油，加生地、熟地和蜜枣，精密炖煮，十足的药味全部入汤，细嗅来，却不似药膳熏鼻，而是味温色浓，甘苦皆宜，难以释怀。

生熟地，意为“两地”。“两地”者，分也。一别两地，便是思念愁绪。古人云：“念此一筵笑，分为两地愁。”思之念之，只为两地之距离，横亘难以跨越，一时之间，泰戈尔之苦涩便浮上心头：“世界上最遥远的距离，不是我就站在你的面前，你却不知道我爱你。而是，明明知道彼此相爱，却不能在一起。”

食材

主料		配料	
龙骨	150g	蜜枣	1颗
生地	50g	肉姜	3g
熟地	20g	食盐	2g
		鸡汁	5g

1 龙骨

即猪脊骨。肉瘦，脂肪少，含有大量骨髓，多用于煲汤，烹煮时释出的骨髓可用在调味汁或汤里。

2 生地

别名生地黄、野地黄、山烟根等，多呈不规则的团块状或长圆形，棕黑或棕灰色，具有清热凉血、益阴生津之功效。

3 熟地

又名熟地黄、伏地，为不规则的块片、碎块，表面乌黑色，有光泽，质柔软而带韧性，味甜。

1

2

3

步骤

1. 将肉姜切成小粒。
2. 将剁成小块的龙骨放入滚水中汆烫，去除腥味。
3. 生地、熟地过滚水汆烫。
4. 将龙骨、生地、熟地、姜粒、蜜枣放入炖盅，加入清水后放入蒸锅，以150℃蒸40分钟。
5. 最后在炖盅中加入食盐、鸡汁调味即可。

4

5

扫一扫了解更多

行走的食单 No.2

松茸炖肉排汤

说到药膳，不得不提松茸炖肉排汤，其食材包含大地和水域的造物奇迹——松茸和瑶柱。松茸来自香格里拉的原始森林，生于松林下，因菌蕾如鹿茸，香味特别，故而古人又以“香蕈”呼之，意为香味奇特的菌菇。这独特的香味，迷倒的却不是中国人，而是对蘑菇情有独钟的日本人，甚而有日本人竟传出“松茸就像我们的生命一样宝贵”的笃定宣言。

而瑶柱又是另一种来自大自然的馈赠。古人难忘其味，曾以“食后三日，犹觉鸡虾乏味”来称赞其无比的鲜味，绕齿之间，就是魂牵梦萦的情愫。

当十分松茸、五分瑶柱、三分不老草与肉排汇入一汪清水，又加十足火力反复燎烧，精华便沉淀于这小小一盅。在清透的涟漪中，荡漾出的一圈圈悸动，恰似山深林静孕育的草露，朝夕流动的晨雾清光，又是雨逢三月，行云万里降下的霭霭青韵。

主料

肉排	100g
干松茸菌	10g

肉排

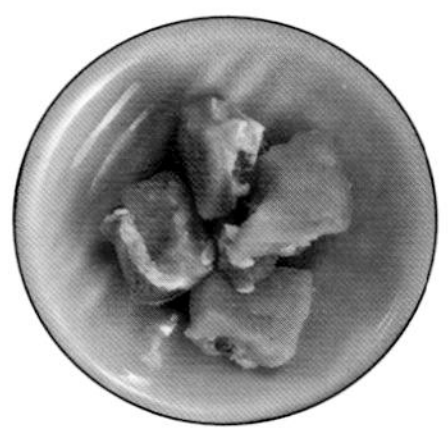

即猪大排，是里脊肉与背脊肉连接的部位，以肉片为主，但带着排骨。多用于油炸或炖汤。

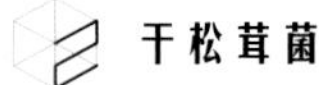

干松茸菌

一种名贵的食用菌，具有独特的浓郁香味，口感滑嫩，营养丰富，具有较高的药用价值。

配料

瑶柱	5g
虫草花	3g
食盐	2g
鸡汁	5g

1	2
3	4
5	

1. 将干松茸菌用冷水发涨，然后洗净并切小块。
2. 将肉排放入滚水中汆烫去血水。
3. 将干松茸菌放入滚水中汆烫去味。
4. 锅中注入清水并煮开，再加入食盐、鸡汁调味。
5. 肉排、松茸、虫草花、瑶柱一起放入炖盅，倒入调好味的水，加盖后放入蒸锅，以 150℃蒸 50 分钟即可。

扫一扫了解更多

珍菌爆利柳

一场雨过后，古老的林子里静谧而幽深。偶尔传来的几声鸟叫，透着来自上古大地别样的神秘生机。在不起眼的断木根部，能看见一种深褐色的伞菌，团团簇簇，长满了断木的根部。湿漉漉的皱纹被露水压得深深翻开，露出柔软而令人充满遐想的白色菌肉。

一直记得这种感觉，以至于每次看见茶树菇时，都能感受到这一朵小小蕈菇里饱藏的勃勃生机。切断茶树菇柔韧的菌柄，这种生机便浅浅地流淌而出，鲜美的气味从鼻腔进入，丝丝缕缕、若有若无地缠绕舌尖。这时候，将它倒入热油，所见又是另一番惹人垂涎的美妙。雪白的菌柄与褐色的菌伞在浅浅的油中被炸出金黄的颜色，呈现令人眼馋的酥脆状。

有鲜美的茶树菇，没有柔嫩的“口条”相配，实乃遗憾。“口条”顾名思义，大概是古人以形象称之，谓之“猪嘴中的条状物”。而“口条”又名“招财”，疑是古人早已见识“说客”之能，对于纵横捭阖、运筹帷幄的外交家而言，六国相印也不过囊中之物，又何况仅仅招财呢？故而，取吉利讨喜之词，“猪舌”与“招财”联系也就不遑多怪了。

口条肉质柔韧而嫩滑，倒入锅中，与茶树菇爆着辣椒炒熟，其鲜嫩之美言语难以描述。唯有亲尝，方一解馋意。

食材

主料

鲜茶树菇	200g
猪口条	150g

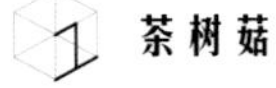

茶树菇

又名茶薪菇，是集高蛋白、低脂肪、低糖分于一身的食用菌。盖嫩柄脆，味纯清香，口感极佳。

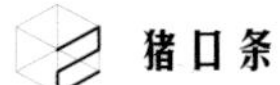

猪口条

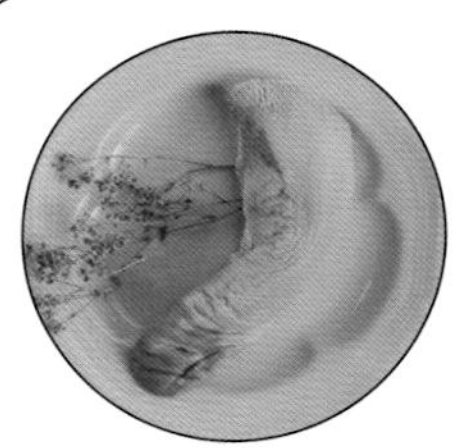

俗称猪舌头。肉质坚实，可用于酱、烧、烩，有滋阴润燥的功效。

配料

青椒	10g
红椒	10g
彩椒	10g
食盐	2g
味精	3g
鸡汁	3g
XO 酱	15g
生抽	12g
老抽	5g
芡粉	10g
大豆油	780g
大蒜	5g
肉姜	5g
干葱	5g
干辣椒	5g

步骤

1	2
3	4
	5

1. 将鲜茶树菇切段。
2. 将青椒、红椒、彩椒切条。
3. 将猪口条改刀切条，加入老抽、味精、芡粉和适量生抽，拌匀腌制。
4. 将干葱、大蒜、肉姜切小片，干辣椒切段。
5. 锅中加入 700g 大豆油烧至 80℃，再倒入茶树菇炸至金黄色捞起。
6. 锅烧热后加入适量大豆油，再倒入猪口条翻炒至变色盛出。
7. 锅烧热后加入剩余的大豆油，再放入肉姜、蒜、干葱、干辣椒爆香。
8. 锅中放入猪口条、茶树菇、青椒、红椒、彩椒翻炒，然后放入 XO 酱、鸡汁、食盐和剩余的生抽，翻炒均匀后装盘即可。

6 | 7 | 8

扫一扫了解更多

行走的食单 No.4

酱烤伊比利亚黑猪肉眼心

据说，西班牙的伊比利亚黑猪是世界上最尊贵的猪。当世界上别的猪还在破烂不堪的阴暗围圈中过着浑浑噩噩的生活时，它们却放飞着身心的自由，徜徉在山野间。饮山泉、食橡果，在大自然芬芳的阳光下，度过比别的猪漫长一倍的时光。这些黑猪撒欢于广阔的山野间，充足的运动量使黑猪全身的脂肪均匀地渗透在了肌肉中，因此在食用时，你将会看见切开的横截面形成像雪花般的美丽纹理。由于尊贵而自由的饲养生活，这些猪肉，肉香浓郁，肉感充满嚼劲而细腻十足。

普通的黑猪肉虽然不如伊比利亚黑猪这般赫赫有名，但也是不可多得的营养美味，肉质远胜于普通的猪肉。因此在条件有限的情况下，用普通黑猪肉作为烹饪主料，也是较好的选择。

取猪肉中最嫩的肉眼心，用海盐、黑胡椒和迷迭香碎充分腌制，待香味渗透彻底，再放入锅中用黄油煎炸。肉香溢出便翻面烹炸，直至四面都均匀地染上金黄再将其移入烤箱。

日式山贼酱是备受亚洲诸厨青睐的一种复合酱料，其味虽与黑椒酱相类，辛辣香甜的口感却是更胜一筹。将烤箱中“嗞嗞”焦香的黑猪肉均匀地淋上一层山贼酱，油亮的酱穿透空气分子的香味屏障，黏在焦黄的黑猪肉上。脆香和辛甜的混合口感开始引诱着味觉的拥抱。衬着红、黄、绿、青的配菜，雪白的瓷盘中竟仿佛闪烁着魅惑的暗紫色光泽，十足地吸人眼球。

食材

主料

黑猪肉眼心　220g

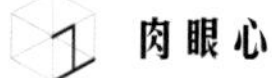

1 肉眼心

即猪的上肩肉，又称梅花肉。肉质鲜美可口，嫩且香，不油腻，久煮不老。

配料

有机胡萝卜	2 根
胭脂萝卜	3 片
抱子甘蓝	3 片
香椿苗	10 朵
红梗菜	2 片
迷迭香	2 根
西蓝花	20g
胡萝卜叶子	10g
海盐	2g
黑胡椒碎	1g
山贼酱	30g
黄油	30g
植物油	50g

步骤

1. 将黑猪肉眼心用海盐、黑胡椒碎、迷迭香腌制 10 分钟。
2. 将有机胡萝卜切块。
3. 取一个不粘锅，烧到 100℃，再放入黄油、黑猪肉眼心，煎至两面上色；同时将烤箱预热。
4. 将煎好的黑猪肉眼心放在烤盘上，刷上适量山贼酱，放入烤箱，以 400℃左右烤 2 分钟。
5. 锅中加水，再放入植物油、海盐，烧开后放入有机胡萝卜，煮熟后捞出，然后将西蓝花、抱子甘蓝氽水。
6. 将烤好的黑猪肉眼心切成两块。
7. 将黑猪肉眼心放在盘子里，再依次放上有机胡萝卜、西蓝花、抱子甘蓝、胭脂萝卜、香椿苗、胡萝卜叶子，最后淋上剩余的山贼酱，并放上红梗菜即可。

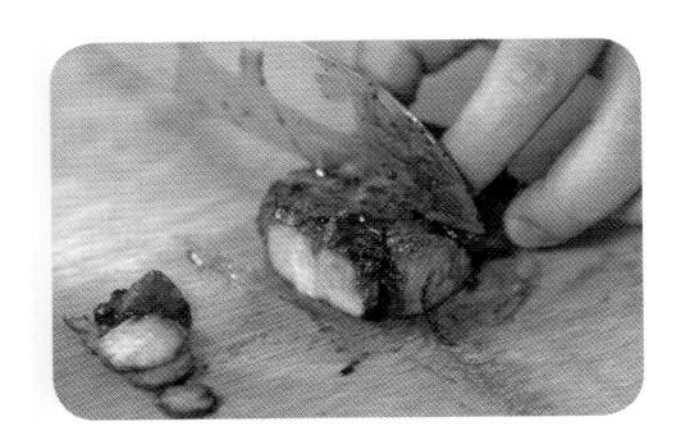

6 | 7

扫一扫了解更多

行走的食单 No.5

白玉菇煎炒牛柳

每次看见白玉菇，内心都忍不住盘旋起旖旎的念头。不为别的，单就这白生生、俏嫩嫩的姿容就让别的蘑菇望尘莫及，更别提营养价值被称为菇中的“金枝玉叶”了。若实在要将这丰姿形容出来，只一词最恰当，“玉臂”。女子之手臂，光洁雪白，如同玉一般温润剔透，杜甫的诗，意境最妙：“香雾云鬟湿，清辉玉臂寒。”香雾、云鬟勾勒出了一位云里雾中的美人，一点胭脂色也只在想象中存在过。而这女子清润的手臂竟在月光下闪着感人的光。大概这就是由白玉菇之联想，让人欲罢不能，如入魔怔。

既然有了白玉菇之联想，就不能不说白玉菇之美味。菇体脆嫩鲜滑，清甜可口，入味鲜香无比。

白玉菇通常用于煲汤，但若是配上牛肉部位中最嫩的牛柳，热油清炒，也是庖厨之中的不二美味。牛柳本来就以鲜嫩著称，青椒、红椒、彩椒，既是滋味上的锦绣添花，也是色彩搭配上的神来之笔。

还未出锅，便已鲜香四溢。你看这青红玉白蒙上模糊的酱色，又是一番别样风味。再以同为玉色的青底白瓷盘盛上三分，摆盘上桌，可不又是一道佳肴？

食材

主料

牛肉	150g
白玉菇	300g

1 牛肉

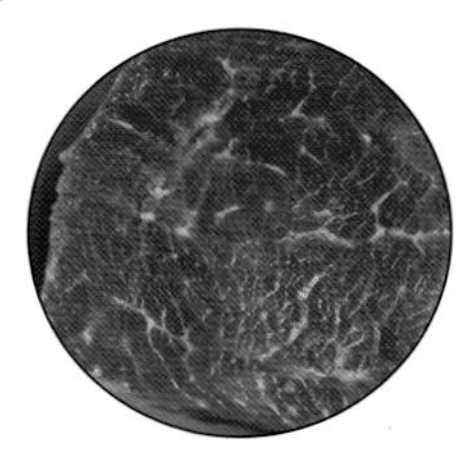

常见肉品之一。蛋白质含量高，脂肪含量低，味道鲜美，适合煎、烤、炖等。

2 白玉菇

又称白雪菇，是一种珍稀食用菌。通体洁白，晶莹剔透，脆嫩鲜滑，清甜可口。

配料

青椒	20g
红椒	20g
彩椒	20g
酱油	5g
味精	3g
美极鲜味汁	5g
XO 酱	20g
大豆油	30g
芡粉	10g

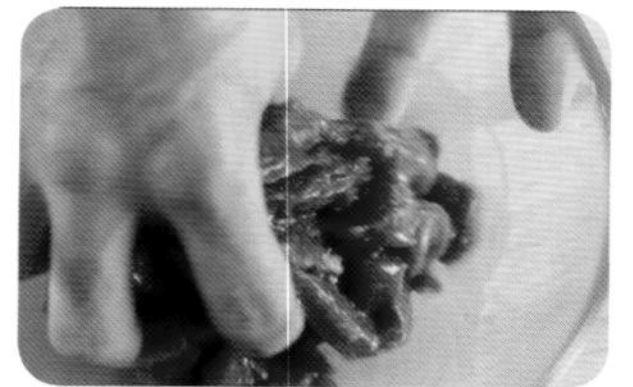

1	2
3	4
5	

步骤

1. 牛肉切条后加入适量酱油、味精，抓腌一两分钟，再加入适量芡粉抓几下。
2. 红椒、彩椒、青椒均切条。
3. 锅中放水，倒入白玉菇，水烧开后略煮5秒即捞出。
4. 锅烧热，倒入大豆油、XO 酱爆香，再放入牛肉炒至变色。
5. 锅中加青椒、红椒、彩椒、白玉菇翻炒几下，再加美极鲜味汁、剩余的味精炒香，用剩余的芡粉勾芡后装盘即可。

扫一扫了解更多

行走的食单 No.6

西冷牛排

西冷牛排又被称为“沙朗牛排”。英语“Sirloin”，竟不知“纽约客”New York Strip 的花名从何而来。不过这样乡愁满满的称呼似乎让不少他乡游子触景而动，故而“西冷”又有了别样的清冷味道。

事实上，所谓由“西冷”产生的乡愁联想，大概来自于东方人的专属。而在欧洲人眼中的“西冷”，是一道高贵的传统美食。

小土豆加芦笋是欧洲传统美食最经典的配菜，胡萝卜则是营养与颜色搭配的最佳选择。将配菜过水，然后小煎一番，在保证熟度和营养的前提下，加海盐、黑胡椒调味盛出。

这时候将早已用海盐和黑胡椒腌好的牛排在微微青烟中放进锅里。“嗞……”，浓郁的肉香开始弥漫，毫无疑问，“西冷”是牛肉中味道最足的一部分，由于肋脊部的运动量较少，肉质细嫩，大理石油花分布均匀，因此被精致的法国人所偏爱。轻轻用力按压脂肪丰满的部位，牛排周身便开始激出微黄的油花，让人似乎立马看到了炸得焦香而入口轻咬即汁液喷溅的大块五花肉。牛排之经典在于本身的肉细多汁和口感鲜嫩，西冷的最佳口感是四至七成熟。

一下锅，牛肉表面已经迅速成熟，早前腌入牛排的香料分子开始活跃起来，这时候加入一些百里香，翻煎两次，便可以加上配菜，盛盘上桌了。

切一小块，放进嘴里，香味便随着牙齿的咀嚼而散溢开来，牛肉的原始香味被发挥得淋漓尽致。无怪乎亨利六世一尝之下，惊为无上佳肴，一时“牛腰爵士”的美名传遍贵族圈层。

食材

主料

西冷牛排　　200g

1 西冷牛排

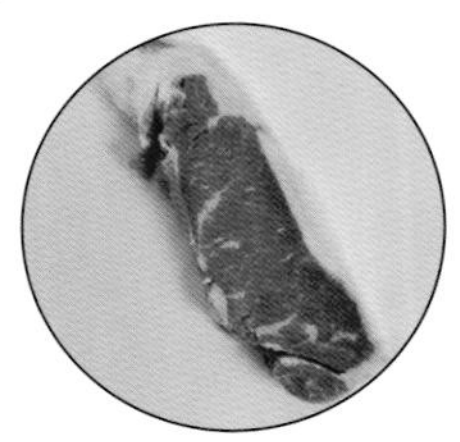

即牛外脊，按质量的不同可分为小块西冷牛排、大块西冷牛排。口感韧度强，肉质硬，有嚼头。

配料

去皮小土豆	2个
手指胡萝卜	1根
芦笋	1根
海盐	5g
黑胡椒	5g
橄榄油	20g
新鲜百里香	1根
香草	1根

1	2
3	4
5	6

步骤

1. 将去皮小土豆、手指胡萝卜从中间切开，将芦笋去两头后切5厘米长的段。
2. 表面水分吸干的牛排每面撒些许海盐、黑胡椒，轻拍几下。
3. 锅中加水，水烧开后放入土豆，再加适量海盐、橄榄油，再放手指胡萝卜，煮5分钟后放芦笋，略煮后捞起。
4. 热锅里倒入适量橄榄油，放入土豆煎至微微变色时放手指胡萝卜，煎一小会儿后放芦笋，再加入剩余的海盐、黑胡椒调味，然后加入一茶匙水，稍煮几秒后盛出。
5. 先将锅预热，倒入剩余的橄榄油，加热至油微微起烟后放入牛排，边煎边用力按压脂肪较厚的部位，第一面煎1分钟后翻面继续煎，最后加入百里香，用油激出百里香的味道，30秒后连同牛排一起捞出。
6. 将牛排从中间切为两块，放上香草，旁边放配菜即可。

扫一扫了解更多

行走的食单 No.7

香煎牛小排配玫瑰盐

玉菇金瓜小洋薯，莱菔芦笋宜小容。一道香煎牛小排，用最平常的辅菜，也能搭配出梦幻般的色彩和风味。

将玉菇、金瓜、小洋薯和芦笋切成小段，温暖的黄、明媚的金与清冷的雪色相映，正如落日晚霞洒向素白的雪。这时候少不了一两圈薄薄的樱桃萝卜，浅浅的一圈胭脂红，就是少女点绛唇的一抹艳色。金、黄、玫红和白形成第一层视觉色彩，代表着淡然与繁华的融合。

过水后的辅菜放入橄榄油、黑胡椒和稀奶油在锅中快速翻炒，颜色稍暗时开始泛着珠光，越发诱人。

牛小排来自牛的胸肋骨，肉质结实且油脂甚多，因此在烹煎的时候需要反复轻压脂肪较厚的部位，油脂遇热流出，香味四溢。这时候再将牛小排放入烤箱，8 分钟后，骨头与肉片自然分离，口感脆焦又充满咀嚼感，简直不能再美味。晶莹剔透、粉红色的玫瑰盐被均匀地撒在古铜色的牛排表面，这是第二层的色彩，代表着力量与温柔的天然之姿。

主料

牛小排	200g

牛小排

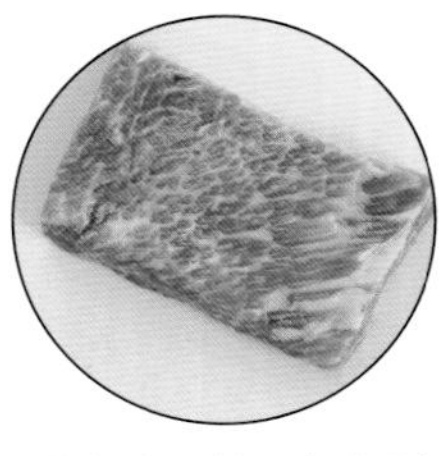

牛胸腔的左右两侧，含肋骨部分。肉质鲜美，有大理石纹，适合烤、煎、炸、红烧。

配料

金瓜	10g
小土豆	1个
白玉菇	10根
芦笋	半根
玫瑰盐	5g
黑胡椒粉	5g
橄榄油	20g
食盐	3g
稀奶油	20g
樱桃萝卜	3根

1	2
3	4

1. 将金瓜、小土豆去皮后切块，芦笋切小段，樱桃萝卜切薄片，白玉菇切段。
2. 锅中加水，水烧开后放入切好的金瓜、土豆，加食盐，煮开后捞起。
3. 用厨房纸将牛小排表面的水吸干，再在两面撒上适量黑胡椒粉，并拍几下。
4. 烤箱预热的同时煎牛小排。锅烧热后倒入适量橄榄油，油开始冒烟时放入牛小排，边煎边轻轻按压脂肪较厚的部位，1分钟后翻面煎30秒，四个侧面也稍微煎一下。
5. 将煎好的牛小排放入烤箱，以200℃烤8分钟左右。
6. 锅烧热后倒入剩余的橄榄油和土豆、金瓜、白玉菇、芦笋，略炒，然后放入稀奶油和剩余的黑胡椒粉，翻炒均匀后盛出。
7. 将烤好的牛小排从中间切成两块，两面撒上玫瑰盐。
8. 盘中先铺上配菜，再放上牛小排，最后放上装饰物即可。

扫一扫了解更多

泰式牛肉沙拉

有人认为，沙拉的做法极其简单，不过是以水果、蔬菜或肉块做底，再配上喜欢的酱料，搅拌均匀就是了。其实，沙拉作为一道成功叩开中国国门并流行开来的西式菜肴，其特色不仅仅在于色彩搭配的艺术，营养与口感的完美结合才是沙拉诱人的精髓。

泰国沙拉是沙拉中的一枝奇花，这种酸辣爽口的“怪味”沙拉，在全世界真是独此一家了。由于泰国地处湿热的东南亚，因此泰国菜极具酸辣特色。柠檬汁是其中非常重要的角色，蒜头、辣椒和鱼露更是经典泰国菜必不可少的调味品。

泰式牛肉沙拉极好地将西餐的牛排和沙拉，配上地方特色，进行了创新，风味十足。大酸大辣，开胃又劲爽，正如泰国少女泼辣爽朗的性格，没有一点曲折委婉。成菜色彩鲜亮分明，如同清朗明快的泰国舞蹈节奏，又营养搭配全面，让人百吃不厌。

食材

主料

牛肉	200g

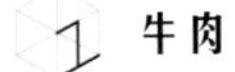

1 牛肉

常见肉品之一。蛋白质含量高，脂肪含量低，味道鲜美，适合煎、烤、炖等。

配料

小番茄	50g
西蓝花	100g
胡萝卜	30g
香茅片	25g
鱼露	10mL
白醋	10mL
柠檬	半个
白糖	3g
蒜碎	5g
小米辣	30g
香菜	2 根
海盐	2g
白胡椒粉	2g
橄榄油	30g

1	2
3	4
5	6

步骤

1. 将西蓝花氽水，胡萝卜切片。
2. 将牛肉撒上白胡椒粉和海盐码味。
3. 锅中倒入橄榄油烧热，再放入牛肉，煎至两面金黄。
4. 将煎好的牛肉切条。
5. 碗中依次加入鱼露、白醋、小米辣、蒜碎、白糖，再挤入柠檬汁，然后放入西蓝花、胡萝卜片、小番茄、香菜、香茅片，搅拌一下，最后放入牛肉，搅拌均匀。
6. 将拌好的沙拉装盘，淋上汁即可。

扫一扫了解更多

行走的食单 No.9

香煎法式羊排

数九寒冬，是吃羊排的最佳时节。羊排即羊的肋条连着肋骨的肉，外附浅浅一层薄膜，肥瘦相宜，肉质嫩美，是不可多得的美味。《本草纲目》所谓：“暖中补虚，补中益气，开胃健身，益肾气，养胆明目，治虚劳寒冷，五劳七伤。”

在古代，“羊肉”又被称为“羖肉”“羝肉”或者“羯肉”。《国语·楚语下》就有“天子食太牢，牛羊豕三牲俱全，诸侯食牛，卿食羊，大夫食豕，士食鱼炙，庶人食菜”。在等级分明的时代，其地位之尊崇完全是猪鱼肉无法比拟的，是贵族王公的专属。

将新鲜的羊排均匀地撒上迷迭香和百里香的碎叶，让清甜且带松木香的气味缓慢地浸入到薄嫩的肉质中。羊肉的膻味开始被一种甜中带苦的浓郁香味所代替。这时候，再将黑胡椒和海盐薄薄地撒上。具有天然矿物质的海盐，是海洋国家喜爱的调味珍品，带着海水的特殊的风味，可以充分地衬托出食物美妙的口感。

羊排放入冰箱三小时后，香料的香味已经充分地渗透到肉质中。这时候，热油下锅，待整个排骨渐渐泛起金色，引人垂涎的肉香开始浮动在空气中。

这时候，迅速出锅，将金黄泛红的羊排整齐地排列在早已切好的莲花白和紫甘蓝丝上。正是“紫映黄金白映红”，最是具有视觉吸引力的搭配。

食材

主料

羊排	3 支

1 羊排

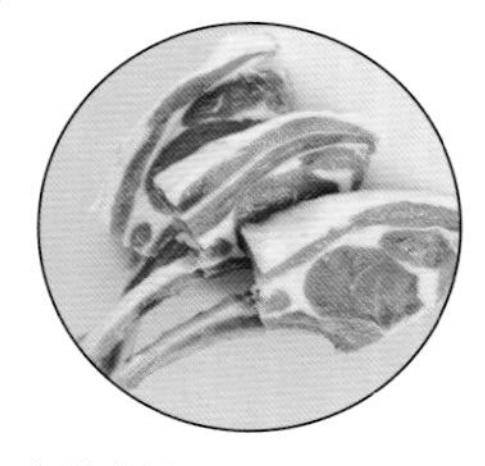

羊身上连着肋骨的肉，外覆一层薄膜，肥瘦结合，质地松软，适于烧、焖和制馅等。

配料

莲花白	50g
紫甘蓝	15g
橄榄油	20g
黄油	20g
海盐	3g
大蒜	4 粒
迷迭香	2 根
百里香	2 根
薄荷叶	2 根
黑胡椒粉	5g

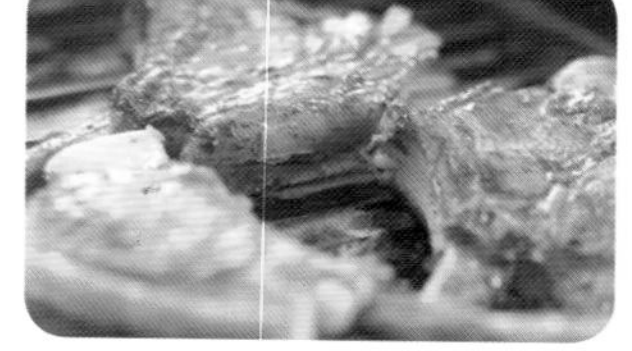

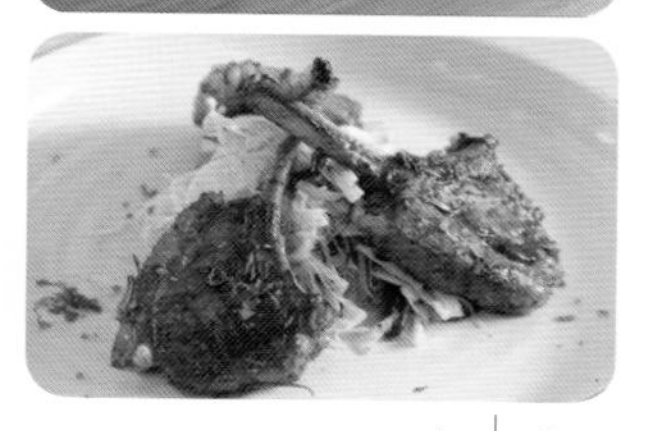

1	2
3	4
5	6

步骤

1. 在羊排上放适量压碎的大蒜、2 根百里香和 1 根迷迭香，再撒上适量黑胡椒粉、海盐，倒入适量橄榄油，用手压一下，然后放入冰箱腌 3 小时后取出。
2. 将莲花白、紫甘蓝切丝后放入碗中，加四五颗冰块，加水至淹没。
3. 冰化后捞出莲花白、紫甘蓝丝，加入剩余的橄榄油、黑胡椒粉、海盐拌匀，摆在盘中间。
4. 将薄荷叶切碎。
5. 锅烧热后放入黄油，黄油完全熔化后放入羊排、剩余的大蒜和 1 根迷迭香，煎至两面金黄（煎的时候可用夹子轻压）。
6. 将煎好的羊排放在莲花白丝和紫甘蓝丝上，最后撒上薄荷叶碎。

扫一扫了解更多

鲜味至上

鱼鳖鼋鼍自古为水域附近居民的主要食物。水域之分乃有陆、海，由于水质不同，古人分以“水味”与“海错”谓之，食味之心得更是难以穷尽。

“水味”，又名“河鲜”，以“水”呼之，其意甚明，乃是较“海”而言，主要指生长于淡水域中的可食用的美味。水味之美实在并不比海错差，却是因为地理之中河江纵横，水味易得，反而较海味落了下乘。宋代杨万里便曾在诗中写道：“江珍海错各自奇，冬裘何曾羡夏絺。”水味品种繁多，加上内陆各地烹饪心得别具一格，竟是形成了让人眼花缭乱的菜谱体系，略略数来却也有百千之数，实在令国外不明真相者咂舌不已。

古代文人动辄被贬流放，作为迁客一名，唯一的好处，大概便是可以吃遍各地的美食了。“遥知绝戎笔，水味有槎头”，当李康伯被调武当之时，送别的梅尧臣还亲切地安慰他：武当也不错啊，听说临近的槎头的水味非常好吃。且不说地域之别，就连食用河鲜的季节之差文人们也是颇有经验。宋朝诗人苏轼便在诗中曾道：“蒌蒿满地芦芽短，正是河豚欲上时。”春天正是河豚最美味的时候，梅尧臣也不禁谈道：“春洲生荻芽，春岸飞杨花。河豚当是时，贵不数鱼虾。”欧阳修则是大大炫耀了吃河豚的心得，他在《六一诗话》中说：“但用蒌蒿、荻笋（即芦芽）、菘菜三物”烹煮，认为此三物与河豚大配。

说一阵河鲜，那必须还得谈到另一种贵不可言的鲜味，即是“海鲜”。海鲜，又名“海错”，鲜味远远甚于河鲜诸类。

早在《尚书 · 禹贡》中便有“厥贡盐、絺，海物惟错”的说法，指明广大的沿海地区盛产盐、布和各式各样的海产品，这是当地向帝王上贡的主要特产。

尽管我国食用海产的历史悠久，沿海海产品类繁多，但说到食用心得，还是海域诸国更为著名。作为典型的海岛国，日本在这方面造诣颇深，他们以特色生食海味入菜，口感清淡，往往外观极为精致。泰式料理在口味上却是反其道而行之，大约是因为地处热带，酸、辣、甜成为本国菜品的典型风味。因为泰国独特的气候条件，大量调味佳品，如柠檬、鱼露、朝天椒等，还有香茅等独特的香料也是其主要特色之一。欧洲大小国家更是星罗棋布，临近海域诸国更是各有其特色鲜味与烹饪方法。挪威的深海三文鱼、西班牙的国菜海鲜饭、比利时的淡菜等，都是令人心驰神往的美食。

鲜味至上，乃是一卷以收集世界各国经典的河鲜海味为主旨的美味宝鉴，细数从北到南、从东到西的主要水生美食。这些丰富的烹饪心得被挑选出主要的代表菜式，只为最极致的美味体验。

鲜味至上 No.1

砂锅生焗鱼头

砂锅生焗鱼头是一道典型的粤菜。生焗是粤菜的典型烹饪技法，在潮汕地区十分常见。

提前将鱼头用酱料腌制，再利用砂锅的锁温特点，将鱼头与辅料以文火慢焗。随着火温持续地浅灼，食物自身的水分开始慢慢升腾，而鱼头与辅料鲜美的原汁原味在这一过程中渗透、交汇、弥漫。

然而，砂锅的存在犹如一道屏风，将所有的鲜香深深地锁在闺中，鲜香的浓度不断地被压缩、提炼。猛一吸鼻，砂锅中已经抑制不住的鲜味开始丝丝缕缕地窜入鼻腔。若有若无，朦朦胧胧地如同月下花发，隔纱窥美，心中忍不住地蠢蠢欲动。不禁想起古人“偷香与客熏”的典故来，那位暗慕公子的贵族女子做出“窃香”之举怕也是怀着这样一般难以忍受的心情吧。

文火小焗之后，一开猛火，这鲜香味不仅不减，反而涌潮般翻腾而出，这时候倒是闻得真切了。不仅鼻腔无暇他顾，就是发肤和五脏六腑都开始被浓香入侵，勾得肠饥肚饿，只虎视眈眈地看着锅中已经变得金黄的鱼头和翠绿的香菜交相映衬。

古语有“一道残阳”“万条绿丝”，意境厚重又鲜活。“砂锅生焗鱼头”，便如这铺水残阳下的一树碧玉，岁月无风静好而生机勃勃的生命依然在最美的时刻生发。

食材

主料

花鲢鱼头　　1000g

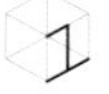

1 花鲢鱼头

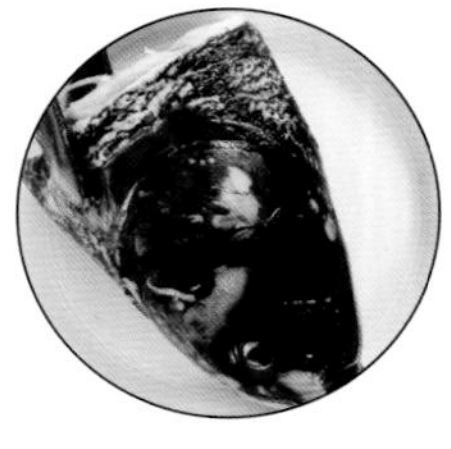

花鲢的头部。大而宽，多用于炖汤，鲜而不腥，肥而不腻，汁浓味鲜，别有风味。

配料

干葱	200g
蒜瓣	200g
肉姜	50g
鲜沙姜	50g
香菜	20g
小米椒	3个
黄豆酱	50g
排骨酱	20g
花生酱	20g
柱侯酱	20g
白砂糖	5g
黄油	50g
高度酒	75g
淀粉	8g
食盐	5g

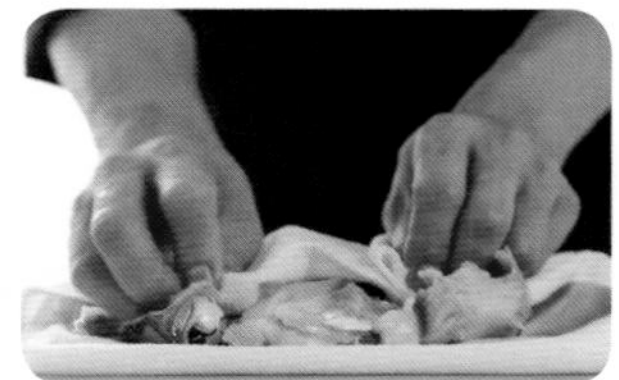

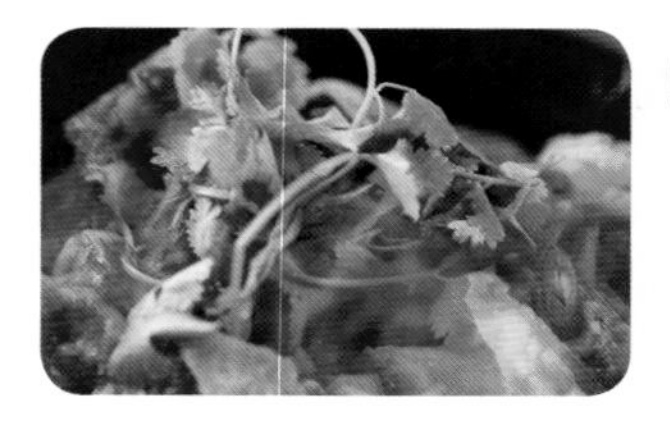

1	2
3	4
5	6

步骤

1. 将小米椒斜切片。
2. 将鱼头砍成小块后洗净，再用干净的毛巾吸干水分。
3. 用备好的黄豆酱、排骨酱、花生酱、柱侯酱、白砂糖、淀粉、食盐拌鱼头，拌匀备用。
4. 砂锅烧热后放入所有黄油，熔化后加干葱、蒜瓣、鲜沙姜、肉姜爆香。
5. 将干拌好的鱼头、小米椒放入砂锅，以文火焗12分钟后放香菜，并盖上盖子。
6. 开猛火，倒入高度酒，即可关火上桌。

扫一扫了解更多

烤鳕鱼

有着奶白色的精肉与细嫩口感的鳕鱼，一直是欧洲人餐桌上当之无愧的宠儿。尤其是在北欧，鳕鱼被冠以“餐桌上的营养师”的美誉，深受偏爱。

其食用历史，遥远而模糊。我们不知道第一位食用者是怎样获得了对这种位于深海的底栖鱼类的食用认知。但是历史上的鳕鱼，的确为欧洲人雄心勃勃的远征提供了食物的来源，而那时的做法仅是让其在寒风中脱干水分，使其变成硬邦邦的鱼干。这时，所有关于食物的想象仅仅是受腹内饥饿感的驱使。如此处理的鱼干，于长时间食用的船员而言，实在不是什么美好的回忆。然而，在如今食物极为丰富的情况下，鳕鱼的食用却依然长盛不衰，甚至于，不少千百年来的打鱼天堂面临着没鱼的残酷结局。

要做出好吃的鳕鱼，是一个困难的尝试。鳕鱼加香菇、白葡萄酒和黄油进行高温烧烤。鳕鱼汁倒入锅内，再放入黄油、柠檬汁，加黄瓜、香菇和紫菜煮熟、煮浓，制成鲜美的酱汁。当腌制的鳕鱼在烤箱内营造诱人的香味，不难想象，表面雪白细嫩的鱼肉在高温的烘烤下，变成诱人的金黄色，而内里却依然洁白柔软如初。酱汁的制作，最是别出心裁。柠檬的酸、黄瓜的清香、香菇的菌鲜味，再加上紫菜的海鲜味，清淡而不腻味，正好搭配鳕鱼肉的鲜美。

当这道烤鳕鱼的味道入侵舌尖，并开始制造难以遏制的欲求不满时，你大概就会明白为何温文的英国绅士会执着于这一道美味，甚至不惜开启三次“鳕鱼战争”了。

食材

主料

鳕鱼	200g

1 鳕鱼

肉质白细鲜嫩，清口不腻，营养丰富。适合多种烹制方式，具有重要的食用价值和经济价值。

配料

海苔	5g
黄瓜	1 根
番茄	1 个
香菇	1 个
菠菜	50g
柠檬	1 个
莳萝	2 根
黄油	10g
白葡萄酒	10mL
海盐	2g
白胡椒粉	1g

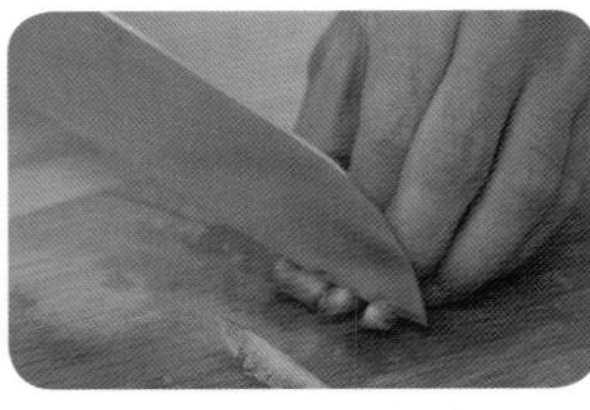

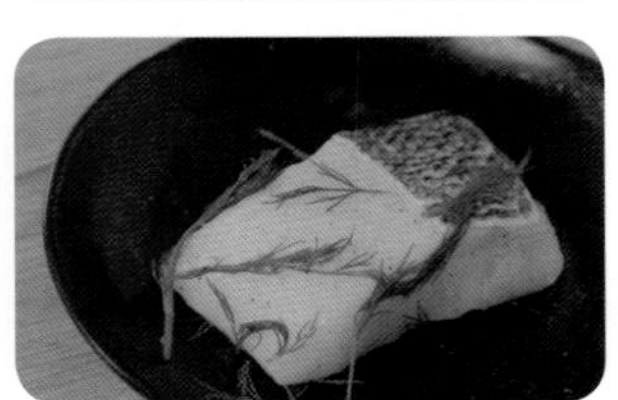

1	2
3	4

步骤

1. 将黄瓜去皮、去籽后切丁。
2. 将番茄去籽后切丁。
3. 将香菇切丁。
4. 将柠檬对半切开，将柠檬汁挤在鳕鱼上，并撒上海盐、白胡椒粉，放上莳萝，腌渍码味。
5. 锅中放入香菇、白葡萄酒、鳕鱼、适量黄油，再将锅放进烤箱，以 150℃烤 15 分钟。
6. 将菠菜汆水后捞出，用冷水浸泡一会儿。
7. 从烤箱里取出鳕鱼，将鳕鱼汁倒入锅内，再放入剩余的黄油，挤入柠檬汁，然后倒入黄瓜丁、番茄丁、海苔煮熟。
8. 将菠菜挤干水放在盘子里，再放上鳕鱼，最后浇上酱汁即可（步骤 7 所制）。

5 | 6 | 7 | 8

扫一扫了解更多

鲜味至上 No.3

黄油煎深海比目鱼佐香草奶油汁

曾经看到过一种鱼，貌如木叶，又如枯蝶，只懒懒地埋身于浅沙中，专注地安稳于小小的一方天地，仿佛海枯石烂都不会抬眼半分的淡然，让我不禁多留意了几眼。

后来听说，这便是比目鱼。每每想起当初毫无波澜的相遇与擦肩，不禁后悔没有细细观察。不怪我如此懊恼，实在是古典的情诗佳话，总对比目鱼过分偏爱。每读诗文，总是看见相思的人儿又将绣有比目鱼儿的荷包把玩，或是离别的佳人在落满残荷的荷塘边，对鱼落泪。想来这些情节，总是在柔词丽句中让人心生神往。然而终不知比目鱼是何模样，不得不望纸兴叹了。

其实比目鱼之所以渐渐成为与“比翼鸟”“连理枝”比肩的情爱信物，其实是由于其独特的生理模样。古人误解其中精髓，故而笑谈“一眼，两片相合乃得行，故称比目鱼”。

真正认识比目鱼，还是被其美味所吸引。别看它紫色细鳞让很多人从外貌上难以接受，但是做成菜肴后，又往往令人难以忘却。细白而又丰腴的鱼肉被过油烹煎至焦黄，一种难以言喻的香味便开始萦绕鼻尖。这香味，不似普通的蛋白质肉类，煎炸过后，嗅味中难免沾上油气，闻多了难免烦腻。这味道飘远又清淡，回味又悠长，让人不禁心生期待。

比目鱼与奶油、青豆和香草，是西餐里的经典搭配。白皙到极致的肉质，正是唯有奶油的甜美方可衬其特别。

食材

主料

比目鱼	120g

1 比目鱼

两眼均位于身体的左侧，故名比目鱼。肉质细嫩而洁白，味鲜美而肥腴，补虚益气，但不宜多食。

配料

紫苏叶	4片
青金橘	2个
甜青豆	50g
香椿苗	2朵
百里香	2g
海盐	3g
黄油	30g
面粉	30g
菜籽油	200g
奶油	200g
白葡萄酒	20g

1	2
3	4

步骤

1. 将比目鱼两面撒上面粉、适量海盐。
2. 将青金橘去两头，再对半切开。
3. 摘下百里香的叶子，再切碎。
4. 锅烧热后放入适量黄油，再放入比目鱼，煎至两面金黄后捞出。
5. 锅烧热后放入适量黄油，再倒入切碎的百里香叶、适量奶油拌匀，然后倒入白葡萄酒、挤入青金橘汁，搅拌均匀后盛出。
6. 锅中倒入菜籽油，烧热后放入紫苏叶，炸至变色，然后取出并用纸吸干油。
7. 锅烧热后放入甜青豆和剩余的黄油翻炒，再加剩余的海盐调味，然后倒入奶油，慢慢收汁。
8. 用酱汁（步骤 5 所制）划盘，再放上煎好的比目鱼、奶油甜青豆，最后用青金橘、紫苏叶、香椿苗等装饰即可。

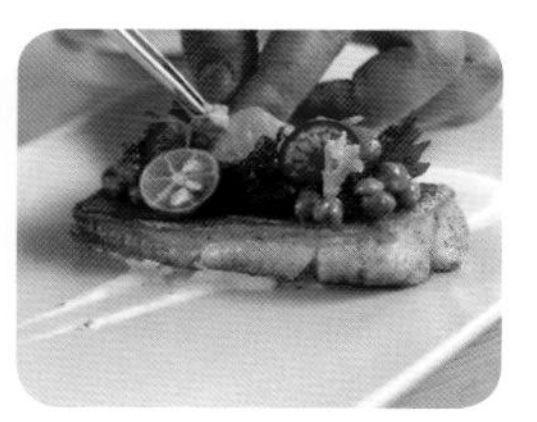

5 | 6 | 7 | 8

扫一扫了解更多

挪威三文鱼牛油果塔塔

你绝无法想象，一只鱼溯河千万里会经历多少千钧一发的时刻。为了完成成年仪式，每年有成千上万条三文鱼将付出无数努力才能到达繁殖地。这些来自太平洋的三文鱼，却并不能满足食客挑剔的味蕾。他们嫌弃这些野生的三文鱼生食起来肉质太硬，简直难以下咽。所以，对于美国人来说，腌制和烟熏才是最好的三文鱼食用方法。

然而，来自挪威北大西洋的三文鱼却有着与这些同伴迥然不同的美味。大大小小纵深的海湾里，接近北极的寒冷水流暗潮汹涌，表面湛蓝的美丽掩盖了刺骨的温度。这让生活于此的三文鱼必须使自己足够丰腴，拥有足够的鱼油才能抵挡非同寻常的寒冷，得以生存下来。因此，挪威的三文鱼无论是口感还是营养，都让人爱不释口。

被切成丁状的挪威三文鱼配上爽口的牛油果，饱蕴着深海冷冽风情的鲜味被发挥得淋漓尽致。丘比甜沙拉酱与燕麦是配料中最温和的存在，它们将鲜味最大限度地衬托，丝丝甜味浅浅地摩挲着舌头表面。小葱又不甘寂寞地带来一丝清爽的辛味。

你无法一一辨别三文鱼和所有调料的本味，它们绝然不同又奇妙地融为一体。所有的味蕾被齐齐调动，迫不及待地品尝这美味。

食材

主料

三文鱼	100g

1 三文鱼

又称大马哈鱼，是西餐中较常选用的鱼类原材料之一。肉质紧密、鲜美而有弹性，既可生食，也可煎、炖等。

配料

牛油果	半个
红叶生菜	3片
苦菊	2条
罗马生菜	6片
熟燕麦	30g
海盐	2g
小葱	2g
橄榄油	2g
丘比甜沙拉酱	3g

1	2
3	4
5	

步骤

1. 将三文鱼切成丁。
2. 将牛油果去皮后切成丁。
3. 将小葱切末。
4. 在三文鱼中加入海盐、橄榄油、小葱、丘比甜沙拉酱、牛油果、适量熟燕麦，搅拌均匀。
5. 将拌好的三文鱼放入盘中，再插上罗马生菜、红叶生菜、苦菊，最后撒上剩余的熟燕麦即可。

扫一扫了解更多

泰国香茅煎海鲈鱼配菠菜

做鱼，最让人头疼的大概就是处理鱼腥味了。想要既掩盖住腥味，又使香料温和不突兀，简直是许多“饕餮”遇到的最大挑战。然而，对于海鲈鱼，我们大可放心去爱。因为，这是一种少见的没有鱼腥味的鱼。蒜瓣形的鱼，从视觉上就能让人产生肥厚鲜嫩的联想，使你迫不及待地想去感受其中的醇香滋味。

被鱼露、白胡椒粉腌制过的海鲈鱼散发出一种难以言喻的诱人味道。香茅草的香味被鱼肉吸收，海鲈鱼无腥的鲜味就被完美地释放出来。也许是香茅的味道太过霸道，也许是鱼肉的鲜香令人垂涎。总之，一种意外的熟悉味道勾起了在心底久埋的炽热回忆。那是一种风吹过的夏天的味道，有潋滟的阳光透叶成细碎的剪影，有梧桐叶清晰的脉络，盘旋在心头。

然而泰国鸡酱的独特风味是万万不能缺少的。辣甜又微咸，是提味的最好佐料。你将那色泽红亮的酱料在雪白的瓷盘中勾出一道荡漾的光，就如同一尾鱼摇摆的想象。在香味扑鼻的鱼肉上摆放青翠的芝麻菜、柔美的黄瓜花。一尾海鲈鱼是一段青涩的记忆，它是不带腥苦的欢乐，是被渴望爱的回忆。

食材

主料

海鲈鱼	250g
菠菜	100g

海鲈鱼

体型粗而较长，蛋白质丰富，肉质鲜美，是常见的海洋经济鱼类，适宜清蒸、红烧或炖汤。

菠菜

又名波斯菜、赤根菜、鹦鹉菜等，富含类胡萝卜素、维生素 C 等多种微量元素，可用于烧汤、凉拌、单炒等。

配料

黄瓜花	25g
芝麻菜	25g
香茅	1 根
黄油	30g
蒜蓉	30g
鱼露	3mL
食盐	1g
白胡椒粉	1g
泰国鸡酱	20mL
面粉	30g

步骤

1. 将海鲈鱼切成两块。
2. 将香茅切片。
3. 将香茅片放在海鲈鱼上，再加入适量食盐、鱼露、白胡椒粉腌渍。
4. 碗里铺上纸，将腌制后的海鲈鱼放在纸上，再撒上面粉。
5. 热锅中放适量黄油，待熔化后放入海鲈鱼，煎至两面上色且熟。
6. 热锅中放剩余的黄油，待熔化后放入蒜蓉、菠菜略翻炒，再撒入剩余的食盐，翻炒几下后盛出。
7. 用泰国鸡酱划盘，再摆上菠菜，最后放上海鲈鱼、芝麻菜、黄瓜花即可。

扫一扫了解更多

芙蓉清蒸石斑鱼

“细嚼绒黄蛋面香炒肉粒，余香留齿，好一个芙蓉花香”，美食家对美食的想象总带几分诗意。“芙蓉蛋”，“芙蓉”乃是取象于秋日之初，绒黄色的芙蓉花托生出深褐色的莲子的风流之景。岂不料，观者见嫩黄可爱的蒸蛋上托着一粒粒肉馅，竟在刹那福至心灵，脱口而出“芙蓉蛋”。

“芙蓉”的名字赋予了芙蓉蛋极为丰富的想象。“将归问夫婿，颜色何如妾”，那个容颜俏丽，头戴芙蓉花，撒娇在心上人前的娇女，仿佛就在眼前；“闭户寂无人，纷纷开且落”，丛丛芙蓉，繁如锦云，自花蕊夫人去后，竟是无人欣赏了。

两面嫩黄的蛋羹，在表层精心铺上香菇青豆仁酱汁。舀起一块，香菇青豆仁便在蛋块之中互相交错。嫩滑回香，软绵鲜嫩。未经咀嚼，蛋便已迫不及待地滑入肚中，但香菇和青豆仁却能品味良久，肉味和着蛋香，真不负一尝，实在回味无穷。

裹上火腿片、葱和蟹肉棒的石斑鱼片同样令人期待。石斑鱼肉质鲜美，蟹肉棒的海鲜味与火腿肠的香咸味混合酝酿出另一番特别的风味。保鲜膜封蒸，最大限度保存了石斑鱼的营养，作为传说中的“美容护肤之鱼”，这实在是让所有爱美之人青睐的烹饪方式。

芙蓉又谓莲。莲与鱼戏本是江南民歌中极为香艳的想象，今入于菜肴，又是一番难忘风情。

食材

主料

石斑鱼	520g
鸡蛋	6 个

1 石斑鱼

一种低脂肪、高蛋白的上等食用鱼，肉质细嫩洁白，类似鸡肉，素有“海鸡肉”之称。

2 鸡蛋

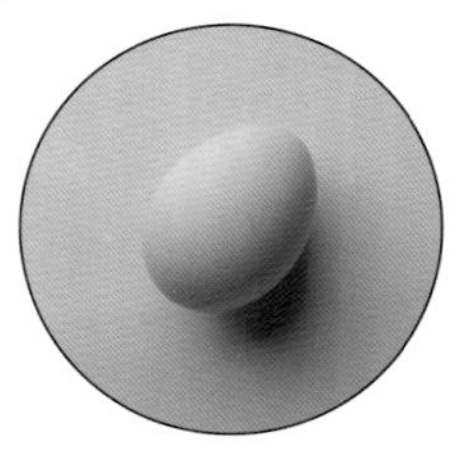

母鸡所产的卵，富含胆固醇，营养价值很高，是人类常食用的食物之一。

配料

干香菇	10g
火腿片	30g
大葱	4 根
青豆仁	30g
蟹肉棒	3 条
海盐	7g
蒸鱼豉油	50g
植物油	30g
芝麻油	30g
姜	20g
芡粉	5g

1 2
3 4

步骤

1. 切下石斑鱼的头和尾，将鱼身切成两半，鱼肉切成薄片。
2. 将鸡蛋打散后倒入盘中，用保鲜膜封口，再放入锅中，蒸约 10 分钟。
3. 将姜切成片。
4. 将大葱切条，然后放入油锅炒熟。
5. 在鱼片上撒上海盐，以姜片垫底，鱼片卷上火腿片、蟹肉棒和炒好的葱，放在姜片上，然后把鱼头放在盘中，再将鱼片、鱼头刷上蒸鱼豉油，封上保鲜膜，蒸约 10 分钟。
6. 将蒸好的鱼头、鱼肉卷连同姜片摆在芙蓉蛋上。
7. 将泡发的香菇切片，热锅中倒入芝麻油，再放入香菇翻炒，然后倒入青豆仁，加凉开水，再倒入芡粉，搅拌均匀。
8. 将调好的汁淋在鱼头和鱼肉卷上，再适当装饰即可。

5 | 6 | 7 | 8

扫一扫了解更多

鲜味至上 No.7

凤梨虾球

凤梨，又称菠萝，金黄而多汁，酸甜可口，极受大众的喜爱。有人将凤梨比作爱情，金黄灿烂的外表之下掩盖的是难以接近的刺，甜蜜爽口的美味之中却带着悠长的酸涩。爱情在神伤者眼里，便是如此，美丽得总让人去企及，却又隔着希望偏给人失望。

虾，却单纯得多，妩媚得多。虾的所有都被包囊在一层薄薄的壳中，透明又脆弱。煮熟后的虾，失神地蜷成水红色的一弯，充满温柔的诗意，难怪乎古人将“虾”深情地唤作“霞”。

当凤梨遇上虾。一个是隔着心墙、含着沧桑的失意者，一个是妩媚单纯、总是沉默不言的守望者。

当凤梨遇上虾球，可以杜撰一个平凡的故事，平凡的美好结局。它们的相遇是一场缘分策划的小典礼，是味觉上平凡又难忘的美丽。

当入口的酥脆在舌尖炸开，你的回忆将随着凤梨丝丝细语进入虾柔软的内心。这一刹那，你将是一个品味者，亦是一个见证者。

食材

主料

草虾	3只
凤梨	250g

1 草虾

因喜欢栖息于水草场所，故称为草虾。食性杂，个体大，肉味鲜美，营养丰富。

2 凤梨

又称菠萝，热带水果。味甘，微酸，营养丰富，既可鲜食，又可加工成罐头、果汁等。

配料

柠檬	半个
沙拉酱	150g
细砂糖	10g
黑芝麻	1g
海盐	3g
蛋（白）	1个
生粉	150g
面粉	20g
玉米片	50g
植物油	150g

1	2
3	4
5	6

步骤

1. 将洗净的草虾去掉头和壳，用刀从虾背划开（深约至1/3处），去除虾线，再加入海盐、生粉、蛋白搅拌均匀，腌制约2分钟。
2. 将细砂糖、挤压的柠檬汁与沙拉酱调匀。
3. 将面粉和玉米片混合拌匀，裹在虾肉上。
4. 在锅中倒入植物油，烧热后放入虾，炸约2分钟至表面酥脆，起锅后用纸吸干油。
5. 将凤梨和调好的沙拉酱汁搅拌均匀，装盘垫底。
6. 将炸好的虾球放在凤梨上，再挤上沙拉酱汁、撒上黑芝麻，再适当装饰即可。

扫一扫了解更多

生煎老虎虾配香草大蒜黄油汁

虾味虽美，很多人却不爱吃。因为虾壳剥起来费劲又实在很不雅，特别是在重要场合，往往宁愿错过一道美味。惯常吃海鲜的人，却对此别有心得，聚餐时总能以得意洋洋的姿态，将吃虾演绎得十足优雅，令人佩服不已。

生煎老虎虾，对于拒绝碰虾的我而言，是一个例外。金黄酥脆的外壳，透些微白的虾肉，简直让人无法抵抗这即将送上舌尖的诱惑。

被金橘、西蓝花、黄瓜片等橘黄翠绿围绕在中间的虾肉，像是灯红酒绿中的一抹安静的存在。

食材

主料

老虎虾　　2只

1 老虎虾

因体型巨大且有斑纹，故名老虎虾。肉质甜美且富有弹性，适合各种烹饪方法，被誉为“虾中之王”。

配料

青金橘	1个
西蓝花	3棵
香椿苗	5朵
黄瓜	半根
黄瓜花	3朵
胭脂萝卜	3片
海盐	3g
欧芹	3g
大蒜	3g
黄油	30g
白兰地	10g
菜籽油	200g

步骤

1. 将老虎虾切下虾头、剪开虾背，再用刀从虾背切开，撒上适量海盐。
2. 将西蓝花切块，大蒜切末，黄瓜切片，欧芹切碎，青金橘切块。
3. 将黄瓜片汆水，捞出后用纸吸干水分。
4. 将西蓝花汆水。
5. 在锅中倒入菜籽油，再放入虾头炸至金黄后捞出。
6. 锅烧热后放入适量黄油，虾肉朝下煎至金黄，再翻面将虾壳煎至金黄即可捞出。
7. 锅烧热后放入剩余的黄油，再倒入大蒜末、欧芹、白兰地，最后加剩余海盐调味，翻炒均匀后盛出。
8. 将黄瓜片裹成卷，和西蓝花、青金橘、胭脂萝卜、黄瓜花、香椿苗、虾等装盘，淋上酱汁（步骤7所制）即可。

6 | 7 | 8

扫一扫了解更多

鲜味至上 No.9

杏仁炸虾枣

“杏仁炸虾枣”，阐释的是杏与虾的缠绵爱情。二月里开红花的杏树深植在广袤的大地上，杏是在树上摇曳的、与风舞蹈的精灵。虾生活在水里，常年穿梭在水草中。这一段无法交集的爱情，看起来就如同泰戈尔描述的鱼与飞鸟，无望地承受着一段注定被孽缘缠绕的伤痛。

而当虾绝望地魂随梦去，杏也脱离了树的怀抱。生不同衾，死同穴。中国的爱情却会因为死亡而绝地复活，正是“情多处，热如火：把一块泥，捻一个你，塑一个我。将咱两个一起打破，用水调和；再捻一个你，再塑一个我。我泥中有你，你泥中有我”。

从海誓山盟的甜蜜，到求而不得的绝望，再到生死相依的追随，最后相濡以沫地结合，这便是虾与杏的爱情故事，这便是“杏仁炸虾枣”的那一段前缘。

“杏仁炸虾枣”，当看见臻至金黄的虾枣从锅里被盛入洁白的餐盘，这一段爱情便终于谢幕，而被供奉上祭台的是留存于笔墨间的无端妄念。

食材

主料		配料	
鲜虾仁	500g	食盐	5g
杏仁片	100g	味精	5g
猪肥肉	50g	生粉	5g
		澄面	5g
		胡椒粉	3g
		香油	3g
		大豆油	750g

1 虾仁

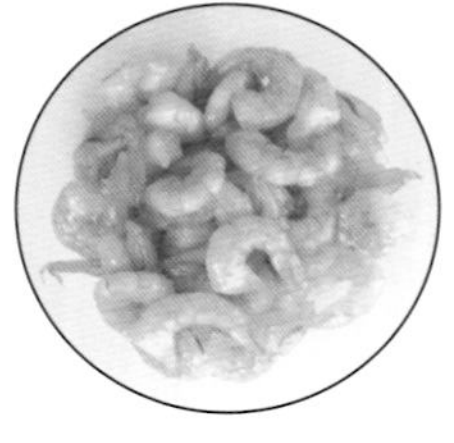

虾洗净并去掉头、尾、壳后即为虾仁。无色透明，饱满有弹性，鲜嫩清淡爽口，营养丰富。

2 杏仁片

由杏仁加工而成。清新香脆，可添加在蛋糕、饼干、面包等西点上点缀，也可用于制作各种馅料。

3 猪肥肉

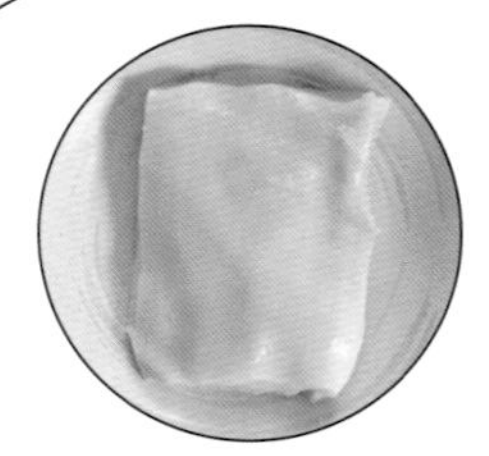

又称肥膘，主要成分是脂肪，能够供给人体高热量。可炖、红烧，也可拌馅。

步骤

1. 将鲜虾仁用干净毛巾吸干水，先用刀碾成泥，再用刀背剁成泥胶。
2. 将猪肥肉切成末。
3. 将食盐、味精、胡椒粉、澄面、生粉、肥猪肉末及香油加入虾泥中，混合均匀至起胶。
4. 先将虾泥挤成球状放入杏仁片里，再将虾球做成枣状，均匀地裹上杏仁片。
5. 锅烧热，倒入大豆油烧至60℃，将虾枣下锅，炸至金黄色后捞起。
6. 修整外形，装盘。

1

2

3

4

5 | 6

扫一扫了解更多

鲜味至上 No.10

煎带子配花菜泥和味噌白兰地汁

为什么女孩总是抵挡不住奶油浓汤的诱惑？其实是少女们内心总有一份期待，豆蔻的年华，如二月梢头新抽的嫩芽，懵懂而梦幻，总在期待纯洁甜蜜的幸福。奶油，充盈着幸福的泡沫，特别是在热气中浮沉的胡萝卜颗粒，还依稀能辨出颜色，眼前浓浓的奶油汁，如同童话，美好到让人舍不得品尝。待终于入口，顺滑优雅的口感，再配上柔和醇香的白兰地，竟是带来了精妙极致、韵味十足的享受。

如此精致的味觉享受，不过是提味的佐料。名贵的江瑶鲜贝才是美味的主角。以海盐、黑胡椒腌制过的带子，被极大地激发了鲜味，又带着淡淡的辛辣味，在热油中被翻煎至五成、七成熟，色泽金黄，玲珑如棋子。令人几乎抑制不住地想象，轻薄的一层金黄是如何鲜脆，而紧裹其中的贝肉又是如何柔嫩。

这时，少不了配上风味十足的酱汁。带着奶沫的雪白奶油酱与金黄带子亲密缠绕，鲜味和甜香味交织，在嗅觉边徘徊。而细心如你，依然不改法餐的精致，几片胡萝卜、几颗翠绿的冰菜，造就餐桌上的一道视觉盛宴。

食材

主料

带子	4个

1 带子

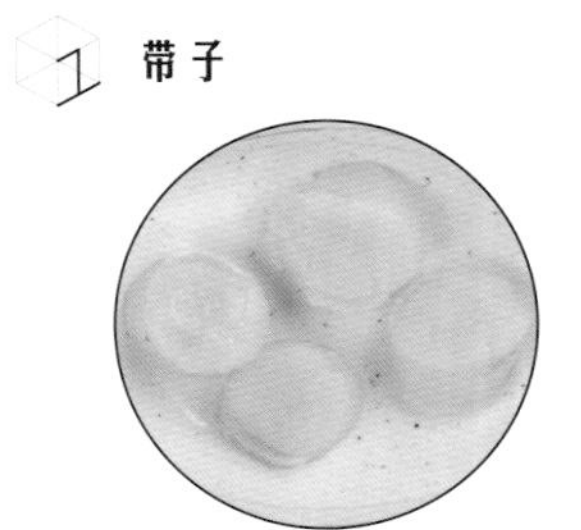

又称鲜贝，是指新鲜大型贝壳内的一块圆形肌肉。口感爽滑有弹性，极富鲜味，适合炖、煎、炒等。

配料

花菜	1棵
小胡萝卜	2根
干葱	2个
冰菜	2片
香菜	1根
日本味噌	20g
白兰地	5mL
奶油	300g
橄榄油	50g
海盐	5g
黑胡椒	3g
黑醋	20g

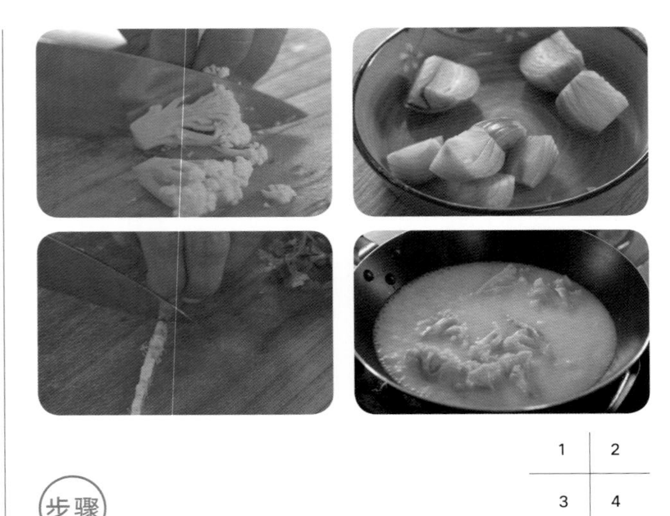

1	2
3	4

步骤

1. 将花菜切成小块。
2. 将干葱、1根小萝卜切成丁。
3. 切下香菜的根（只需根部）。
4. 在锅中倒入适量奶油，烧开后放入花菜、香菜根，待煮熟后打成泥。
5. 在锅中倒入适量橄榄油，再放入干葱、小胡萝卜丁翻炒一下，加入白兰地，酒精挥发后倒入剩余的奶油，再放入味噌搅拌均匀，煮至软烂后打成泥。
6. 将剩余的1根小胡萝卜切成两半，倒入黑醋浸泡，再加入适量海盐、黑胡椒搅拌均匀，然后放入烤箱，以面火150℃烤半个小时。
7. 将带子两面撒上剩余的海盐，单面撒剩余的黑胡椒，腌一会儿。
8. 锅烧热，倒入剩余的橄榄油，烧至冒烟，再放入带子煎，煎时不能翻动。煎上色后再翻面，一般煎到五至七成熟后，取出。
9. 将调好的酱汁（步骤4、5所制）涂在盘子上，再把煎好的带子摆在酱汁旁边，放上烤好的小胡萝卜，摆上冰菜即可。

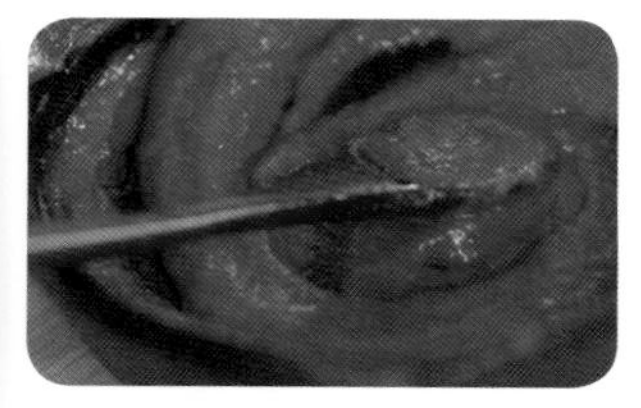

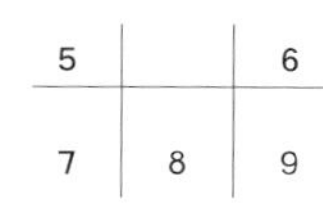

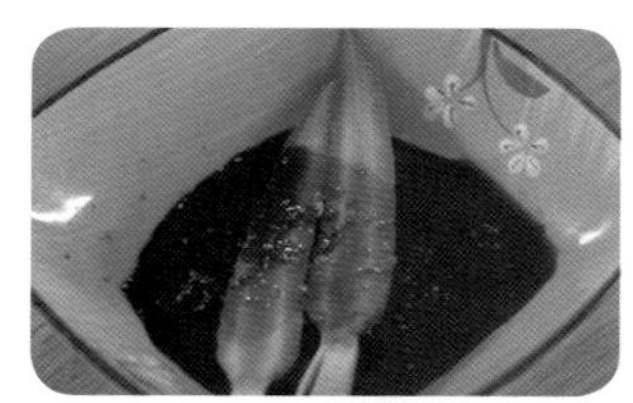

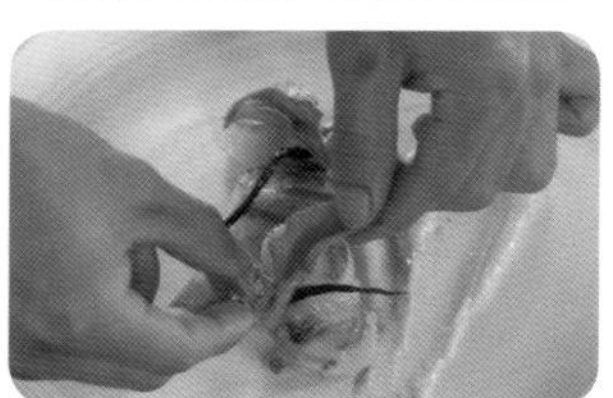

扫一扫了解更多

韭菜花炒花蛤肉

“当一叶报秋之初，乃韭花逞味之始。”当秋风渐起，凉爽之意拂落了百花的艳姿，而一种不起眼的小小白花往往成为这个季节的风景线。“韭花”古称“韭菁”，曾是远古先民供桌上的重要角色，故而《诗经·七月》中有：“四之日其蚤，献羔祭韭。”“韭”因其生生不息的旺盛生命力受到了古人的偏爱，“韭”代表着子嗣的繁盛，意味着祖先荣誉的传承不息。

酷爱书法的人大概对此种说法并不关注，真正让他们痴心的是被称为“天下五大行书”的《韭花帖》。作帖人万万没想到，因为一菜之缘而成的信札，最后竟被后人奉为“心含超迈，胸有闲适”的文化代表。

颜色青嫩杂白花的韭菁是秋季的一道不可多得的美食。是时，韭菜未放，一捧骨朵儿，娇鲜又可爱。将一丛韭菁切成寸段，清香从揉碎的细胞中渗透出来，像春的味道，却是秋的气息。

当下油炒香后，不免开始期待起另一种鲜味，水之味。

花蛤作为贝中珍品，鲜味是毋庸置疑的。这种鲜味在清冽的水中孕育，最后却放弃最美丽的坚硬外壳。这一点点小小的柔软的肉体被诗人席慕蓉惊叹：“这是一颗怎样固执又怎样简单的心啊！”

这些白色的带着柔软肉感的“花蛤之心”如今裸露在空气中。随后，油声炸响，白色渐黄，在一丛韭菁中掩映着一种生命逝去的庄重和珍惜。

食材

主料

花蛤肉	150g
韭菜花	200g

1 花蛤

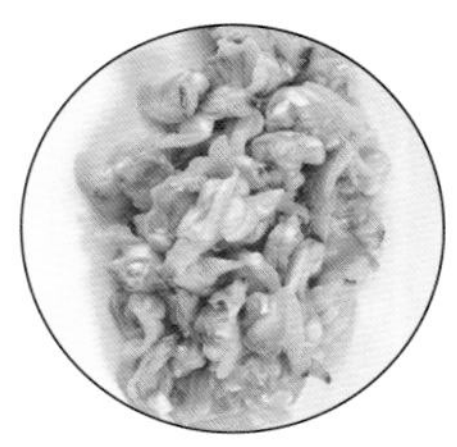

又称文蛤。花蛤肉质细嫩，味道鲜美，营养丰富，煮食、凉拌、爆炒、做馅均可。除鲜食外，还可制罐头、蛤干等。

2 韭菜花

又称韭薹，是韭菜生长到一定阶段长出的细长的茎，粗壮、长嫩，可炒食。

配料

盐	2g
味精	10g
鸡汁	5g
酱油	6g
辣鲜露	6g
小米椒	4个
菜籽油	100g

1	
2	3
	4

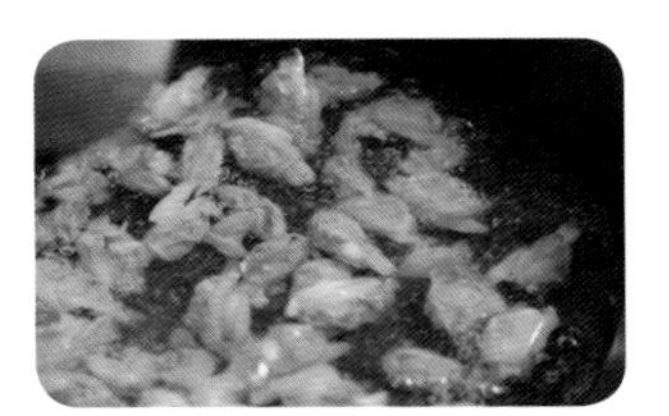

步骤

1. 将韭菜花切段。
2. 将小米椒斜切片。
3. 将洗净的花蛤肉过油，再捞起沥干。
4. 将锅烧热后倒入菜籽油，先放入韭菜花爆香，然后放入小米椒、花蛤肉、味精、盐、辣鲜露、酱油、鸡汁，翻炒均匀即可。

扫一扫了解更多

鲜味至上 No.12

咸蛋蔬菜花鱿鱼

鱿鱼是餐桌上比较常见的一种海鲜，肉质滑嫩，没有纤维质感，因此区别于其他肉类，受到“饕餮”们别样的喜爱。

“咸蛋蔬菜花鱿鱼”是一道非常独特的菜肴。利用鱿鱼的“囊”将喜爱的食材做成“馅”包在其中，使里外食材的美味一起尽入口中。

其实，“馅儿”的做法由来已久，早在一千八百多年前的东汉，饺子的盛行就已经说明了“馅”的魅力。将菜、肉等填入面粉团、面皮等具有包囊的闭合食材，既能隔绝内部馅料，保持馅料的完整，又能通过内外食材搭配形成别样的风味。

在传统文化中，“包”成为了“藏”的一种手段，而“馅”则是“藏”的内容。在过年包饺子时，我们将洗干净的钱币随机放进饺子馅中，一起包入饺子皮。由于数量少，吃到这种特殊馅料的饺子，就成了很值得夸耀的事情。

所以，我一直认为，在做菜的时候，“馅”是非常重要的一部分。你可以决定包囊用的是鱿鱼，不用丝毫的技术含量。但是，“馅”的制作则成为了既重要又需要万般琢磨的步骤。

将虾仁泥、肥膘泥作为馅的“底料”，调味后加入青豆、蛋黄点缀。丘比沙拉酱作为“馅料”的基础味，甜咸与鱿鱼是最好的搭配。

塞饱的鱿鱼被整只放入锅中蒸熟后，用刀横切开。粉红色的虾仁泥裹着鸭蛋黄和青豆，让人蠢蠢欲动，想去品尝。

食材

主料

鱿鱼	2只
虾仁泥	500g
肥膘泥	250g

配料

咸鸭蛋黄（生）	5粒
青豆仁	50g
虾鱼子	5g
西生菜	半个
丘比沙拉酱	50g
海盐	2g
白胡椒粉	2g

1 鱿鱼

身体细长，体色苍白，呈圆锥形，肉质肥嫩可口，营养价值很高，可烤食，也可氽汤、炒食和烩食。

2 虾仁

虾洗净并去掉头、尾、壳后即为虾仁。无色透明，饱满有弹性。鲜嫩清淡爽口，营养丰富。

3 肥膘

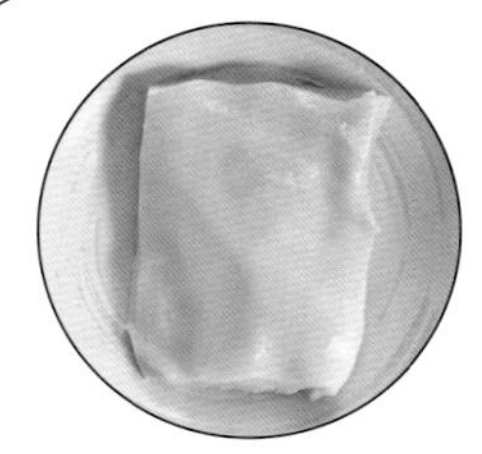

即猪肥肉，主要成分是脂肪，能够供给人体高热量。可炖、红烧，也可拌馅。

步骤

1. 在虾仁泥、肥膘泥中加入白胡椒粉、海盐搅拌均匀，再加入青豆仁拌匀。
2. 将咸鸭蛋黄切块，放入虾仁泥中，拌匀。
3. 在丘比沙拉酱中加入虾鱼子，拌匀。
4. 用勺子将拌好的虾仁泥塞入鱿鱼中，不要塞满，留一点空隙。
5. 将西生菜切丝，放入盘中。
6. 炒锅里加水烧开，再放入鱿鱼，以中火蒸 15 分钟。
7. 将蒸好的鱿鱼冷却后切片，放在西生菜上即可。

1
2
3
4
5

6 | 7

扫一扫了解更多

可拆卸菜谱

佛罗伦萨煎鸡胸

食材

主料

鸡胸肉	2块

配料

橄榄油	40mL
芝士碎	30g
鸡高汤	150g
椰奶	150g
黄油	50g
洋葱碎	20g
蒜末	20g
白葡萄酒	50g
西芹丁	15g
胡萝卜丁	10g
白萝卜丁	10g
黄椒丁	10g
红椒丁	10g
干辣椒	3g
土豆丁	10g
青豆仁	50g
海盐	2g
白胡椒粉	2g
白糖	2g
香叶	1片

步骤

1. 用1g白胡椒粉、1g海盐、适量白葡萄酒、橄榄油给鸡胸肉码味。
2. 平底锅烧热后放入橄榄油，再将鸡胸肉放入锅中煎至上色且有焦香。
3. 在煎鸡胸肉的油中加入蒜末、洋葱碎，再倒入白葡萄酒烧开，酒精挥发后加入适量椰奶、剩余的海盐、白胡椒粉拌匀，再放入适量黄油至融化，过滤即得酱汁。
4. 将酱汁淋在鸡胸肉上，加入30g芝士碎后放进烤箱，以200℃烤20分钟。
5. 锅烧热，倒入剩余橄榄油，再放入剩余蒜末、洋葱碎和香叶、干辣椒翻炒一下，然后倒入鸡高汤、红椒丁、黄椒丁、胡萝卜丁、白萝卜丁、西芹丁、土豆丁、青豆仁、白糖和剩余的椰奶、黄油，煮至软烂。
6. 将煮好的酱汁倒入盘中，再放上烤好的鸡胸肉即可。

香煎鸡扒蘑菇芦笋卷配风味芥末酱

食材

主料

无骨鸡腿肉 2 块

配料

芦笋	4 根
蘑菇	4 枚
芝麻菜	3 片
嫩苦菊	3 片
海盐	5g
黄油	30g
黑胡椒粉	5g
卡真粉	8g
大藏芥末酱	8g
干葱	1 枚
奶油	50g
辣椒粉	2g
鸡粉	2g

步骤

1. 将蘑菇切厚片，芦笋切段，干葱剁碎。
2. 鸡腿肉改刀，两面撒上适量海盐、黑胡椒粉、卡真粉。
3. 热锅下油，放入一半干葱、蘑菇、芦笋翻炒，然后放入些许海盐、黑胡椒粉调味，盛出备用。
4. 将鸡腿肉放在保鲜膜上，再把蘑菇、芦笋放在鸡腿肉上，卷成卷后裹上保鲜膜，然后放入冰箱急冻，使其定型。
5. 热锅中放入适量黄油、大藏芥末酱和剩余的干葱翻炒几下，然后放入剩余的奶油、辣椒粉、海盐、鸡粉，拌匀。
6. 蒸锅预热，将冷冻定型的鸡肉卷放入蒸锅中蒸 8 分钟左右，然后取出并去除保鲜膜。
7. 热锅中放入剩余黄油，化开后放入鸡肉卷煎至焦黄，然后放入烤箱，以 200℃烤 5 分钟。
8. 将烤好的鸡肉卷切成段，在盘子中间浇酱汁（步骤 3 所剩），放上鸡肉卷，再淋上酱汁，最后放上芝麻菜、嫩苦菊即可。

意式香草番茄烩鸡扒

食材

主料

无骨鸡扒	2 块
番茄	280g

配料

黑胡椒碎	8g
海盐	10g
鸡粉	9g
黄油	65g
柠檬	1/4 个
大蒜	50g
百里香	5g
朝天椒	4 个
新鲜罗勒叶	5g
月桂叶	1 片
番茄汁	30g
白葡萄酒	20g
糖	5g

步骤

1. 番茄去皮、籽后切丁，蒜切丁后剁碎，朝天椒切小粒后剁碎，百里香摘去叶子，罗勒叶留 3 片，其余全部撕碎。
2. 用厨房纸将鸡扒表面的水分吸干，表面撒上海盐、鸡粉、黑胡椒碎并按压几下，再挤入柠檬汁，用手搓几下。
3. 将小锅加热后放入适量黄油，待黄油融化，放入蒜碎炒至变色，再加入番茄继续翻炒，接着加入朝天椒炒几下，再加入百里香、月桂叶和剩余的黑胡椒碎；倒入番茄汁和白葡萄酒拌匀，加水煮开，然后加少许海盐、糖、鸡粉，煮开后盛出备用。
4. 锅烧热，放入剩余黄油至融化，再放入鸡扒，皮朝下煎至金黄色，再翻面煎熟后取出切小块。
5. 平底锅加热后放入罗勒叶碎和炒制好的酱（步骤 3 所制），翻炒几下，再放入切好的鸡扒拌匀即可装盘，最后放上没撕的罗勒叶。

竹荪炖老鸡汤

食材

主料

老母鸡肉	100g
竹荪	3g

配料

蛤蜊	5只
枸杞	5粒
姜	3g
盐	2g
鸡汁	5g

步骤

1. 将姜切成小粒。
2. 将老母鸡肉剁成块，再放入滚水中汆烫去腥，然后捞出。
3. 竹荪用清水浸泡洗净，去除根部和伞盖，然后切段。
4. 蛤蜊浸淡盐水吐沙。
5. 鸡块、姜粒放入炖盅，倒入清水，蒸约30分钟。
6. 加入蛤蜊、竹荪、枸杞、盐、鸡汁继续蒸，蒸至鸡肉熟烂、蛤蜊开口即可。

生焖鸡中翅

食材

主料

鸡中翅	400g

配料

大蒜	15g
肉姜	10g
花生油	50g
生抽	20g
花雕酒	50g
冰糖	8g
十三香	3g
鸡粉	5g
小葱	50g

步骤

1. 将肉姜切片。
2. 将大蒜用刀拍碎。
3. 将小葱切段。
4. 鸡中翅与姜片、葱段、适量花雕酒拌匀，腌两三分钟。
5. 热锅中倒入花生油，放入鸡中翅，用中火煎至两面金黄，再放入剩余的大蒜、姜片，煎一会儿。
6. 锅中加入水、鸡粉、十三香、生抽、冰糖和剩余的花雕酒，加盖，大火转中火煲 10 分钟，然后收汁装盘即可。

酸橙青柠汁烟鸭脯佐黄油

食材

主料

鸭脯	500g

配料

橙	1个
青柠	1个
嫩苦菊	6片
青柠汁（浓缩）	8g
黄油	15g
鸡粉	2g

步骤

1. 将橙去两头后对半切开，一半去皮后切成厚片；将青柠去两头后对半切开，一半去皮后切成颗粒。
2. 将剩余的半个橙和半个青柠挤成汁，并用滤网过滤。
3. 锅烧热后放入橙片，煎至两面焦黄后取出；同时将烤箱预热至 250℃。
4. 锅烧热后放入适量黄油，再放入鸭脯，煎至两面金黄后放入烤箱，以 250℃烤 8~10 分钟。
5. 锅烧热后放入剩余的黄油，化开后加入青柠颗粒、浓缩青柠汁、青柠汁、橙汁、鸡粉、橙片，一起煎一会儿后盛出做酱汁待用。
6. 烤好的鸭脯切成片，然后将橙片放在鸭脯片之间，装盘后浇上酱汁（步骤5所制），最后放上嫩苦菊即可。

农家三杯鸭

主料

家鸭 1 只
(约 900g)

配料

白酒	25g
干辣椒	5g
肉姜	30g
小葱	50g
生抽	50g
老抽	20g
冰糖	15g
五香粉	5g
花生油	约 100g

1. 将家鸭清洗干净后剁成小块。
2. 将肉姜切片。
3. 将小葱切段。
4. 锅烧热后倒入适量花生油和鸭肉翻炒，直至把水分炒干，然后盛出。
5. 锅烧热后倒入剩余的花生油，再放入姜片，炸至七成干。
6. 锅中倒入鸭肉略翻炒，再加入白酒、清水、生抽、冰糖、老抽、五香粉、干辣椒，加盖，大火煮开后转中火煲。
7. 若锅中汤汁剩余较多，可开大火收汁到八成后装盘，最后放上葱段即可。

香煎鸭胸肉配黑椒甜青豆

主料

鸭胸肉	220g

配料

干葱	2 枚
甜青豆	30g
胡萝卜泥	80g
红梗菜	3 片
胭脂萝卜	3 片
荷兰豆	1 片
海盐	3g
黑胡椒碎	2g
黄油	20g
橄榄油	10g

1. 将干葱切厚片。
2. 将荷兰豆切条。
3. 在鸭胸肉上撒适量黑胡椒碎，按摩码味后将其切成两块。
4. 在平底锅内加入橄榄油，低温慢煎鸭胸肉，煎至两面金黄，然后把多余的油滗出。
5. 平底锅烧热后放入适量黄油，再倒入甜青豆，撒上海盐和剩余的黑胡椒碎，煎一会儿后盛出。
6. 热锅中放入剩余的黄油，再放入干葱、荷兰豆，煎熟后盛出。
7. 将煎好的鸭胸肉切块。
8. 在盘底刷上胡萝卜泥，依次放上鸭胸肉、甜青豆、干葱、荷兰豆、胭脂萝卜、红梗菜，最后撒上海盐即可。

鹅肝芝士蓝莓薄饼

主料

鹅肝	50g

配料

蓝莓	100g
芝麻菜	20g
小番茄	3 个
奶酪	50g
高筋面粉	200g
酵母粉	7g
橄榄油	100g
海盐	5g
黑胡椒粉	2g
黑醋	5g

1. 将高筋面粉、酵母粉、橄榄油、适量海盐和水倒入碗内并搅拌均匀，常温发酵半个小时。
2. 将小番茄切成两半放在烤盘上，再放入烤箱以 100℃烤两个小时。
3. 发酵好的面团用擀面杖擀成饼状，再用叉子在擀好的饼表面插满小孔，然后放在烤网上，放进烤箱以 200℃烤 8 ~ 10 分钟。
4. 鹅肝两面撒上黑胡椒粉和剩余的海盐，腌 20 分钟左右。
5. 锅烧热后倒入橄榄油，再放入腌制好的鹅肝，煎至两面焦黄后取出切块。
6. 将鹅肝摆在烤好的饼上，在鹅肝周围摆上蓝莓、芝麻菜、奶酪，再放上烤好的小番茄，淋上剩余的橄榄油和黑醋。

生熟地炖龙骨汤

食材

主料

龙骨	150g
生地	50g
熟地	20g

配料

蜜枣	1 颗
肉姜	3g
食盐	2g
鸡汁	5g

步骤

1. 将肉姜切成小粒。
2. 将剁成小块的龙骨放入滚水中汆烫，去除腥味。
3. 生地、熟地过滚水汆烫。
4. 将龙骨、生地、熟地、姜粒、蜜枣放入炖盅，加入清水后放入蒸锅，以150℃蒸40分钟。
5. 最后在炖盅中加入食盐、鸡汁调味即可。

松茸炖肉排汤

食材

主料

肉排	100g
干松茸菌	10g

配料

瑶柱	5g
虫草花	3g
食盐	2g
鸡汁	5g

1. 将干松茸菌用冷水发涨，然后洗净并切小块。
2. 将肉排放入滚水中汆烫去血水。
3. 将干松茸菌放入滚水中汆烫去味。
4. 锅中注入清水并煮开，再加入食盐、鸡汁调味。
5. 肉排、松茸、虫草花、瑶柱一起放入炖盅，倒入调好味的水，加盖后放入蒸锅，以150℃蒸50分钟即可。

珍菌爆利柳

主料

鲜茶树菇	200g
猪口条	150g

配料

青椒	10g
红椒	10g
彩椒	10g
食盐	2g
味精	3g
鸡汁	3g
XO 酱	15g
生抽	12g
老抽	5g
芡粉	10g
大豆油	780g
大蒜	5g
肉姜	5g
干葱	5g
干辣椒	5g

1. 将鲜茶树菇切段。
2. 将青椒、红椒、彩椒切条。
3. 将猪口条改刀切条，加入老抽、味精、芡粉和适量生抽，拌匀腌制。
4. 将干葱、大蒜、肉姜切小片，干辣椒切段。
5. 锅中加入 700g 大豆油烧至 80℃，再倒入茶树菇炸至金黄色捞起。
6. 锅烧热后加入适量大豆油，再倒入猪口条翻炒至变色盛出。
7. 锅烧热后加入剩余的大豆油，再放入肉姜、蒜、干葱、干辣椒爆香。
8. 锅中放入猪口条、茶树菇、青椒、红椒、彩椒翻炒，然后放入 XO 酱、鸡汁、食盐和剩余的生抽，翻炒均匀后装盘即可。

酱烤伊比利亚黑猪肉眼心

主料

名称	用量
黑猪肉眼心	220g

配料

名称	用量
有机胡萝卜	2 根
胭脂萝卜	3 片
抱子甘蓝	3 片
香椿苗	10 朵
红梗菜	2 片
迷迭香	2 根
西蓝花	20g
胡萝卜叶子	10g
海盐	2g
黑胡椒碎	1g
山贼酱	30g
黄油	30g
植物油	50g

步骤

1. 将黑猪肉眼心用海盐、黑胡椒碎、迷迭香腌制 10 分钟。
2. 将有机胡萝卜切块。
3. 取一个不粘锅，烧到 100℃，再放入黄油、黑猪肉眼心，煎至两面上色；同时将烤箱预热。
4. 将煎好的黑猪肉眼心放在烤盘上，刷上适量山贼酱，放入烤箱，以 400℃左右烤 2 分钟。
5. 锅中加水，再放入植物油、海盐，烧开后放入有机胡萝卜，煮熟后捞出，然后将西蓝花、抱子甘蓝汆水。
6. 将烤好的黑猪肉眼心切成两块。
7. 将黑猪肉眼心放在盘子里，再依次放上有机胡萝卜、西蓝花、抱子甘蓝、胭脂萝卜、香椿苗、胡萝卜叶子，最后淋上剩余的山贼酱，并放上红梗菜即可。

白玉菇煎炒牛柳

主料

牛肉	150g
白玉菇	300g

配料

青椒	20g
红椒	20g
彩椒	20g
酱油	5g
味精	3g
美极鲜味汁	5g
XO酱	20g
大豆油	30g
芡粉	10g

1. 牛肉切条后加入适量酱油、味精，抓腌一两分钟，再加入适量芡粉抓几下。
2. 红椒、彩椒、青椒均切条。
3. 锅中放水，倒入白玉菇，水烧开后略煮5秒即捞出。
4. 锅烧热，倒入大豆油、XO酱爆香，再放入牛肉炒至变色。
5. 锅中加青椒、红椒、彩椒、白玉菇翻炒几下，再加美极鲜味汁、剩余的味精炒香，用剩余的芡粉勾芡后装盘即可。

西冷牛排

食材

主料

西冷牛排 200g

配料

去皮小土豆 2个
手指胡萝卜 1根
芦笋 1根
海盐 5g
黑胡椒 5g
橄榄油 20g
新鲜百里香 1根
香草 1根

步骤

1. 将去皮小土豆、手指胡萝卜从中间切开，将芦笋去两头后切5厘米长的段。
2. 表面水分吸干的牛排每面撒些许海盐、黑胡椒，轻拍几下。
3. 锅中加水，水烧开后放入土豆，再加适量海盐、橄榄油，再放手指胡萝卜，煮5分钟后放芦笋，略煮后捞起。
4. 热锅里倒入适量橄榄油，放入土豆煎至微微变色时放手指胡萝卜，煎一小会儿后放芦笋，再加入剩余的海盐、黑胡椒调味，然后加入一茶匙水，稍煮几秒后盛出。
5. 先将锅预热，倒入剩余的橄榄油，加热至油微微起烟后放入牛排，边煎边用力按压脂肪较厚的部位，第一面煎1分钟后翻面继续煎，最后加入百里香，用油激出百里香的味道，30秒后连同牛排一起捞出。
6. 将牛排从中间切为两块，放上香草，旁边放配菜即可。

香煎牛小排配玫瑰盐

主料

牛小排	200g

配料

金瓜	10g
小土豆	1个
白玉菇	10根
芦笋	半根
玫瑰盐	5g
黑胡椒粉	5g
橄榄油	20g
食盐	3g
稀奶油	20g
樱桃萝卜	3根

步骤

1. 将金瓜、小土豆去皮后切块，芦笋切小段，樱桃萝卜切薄片，白玉菇切段。
2. 锅中加水，水烧开后放入切好的金瓜、土豆，加食盐，煮开后捞起。
3. 用厨房纸将牛小排表面的水吸干，再在两面撒上适量黑胡椒粉，并拍几下。
4. 烤箱预热的同时煎牛小排。锅烧热后倒入适量橄榄油，油开始冒烟时放入牛小排，边煎边轻轻按压脂肪较厚的部位，1分钟后翻面煎30秒，四个侧面也稍微煎一下。
5. 将煎好的牛小排放入烤箱，以200℃烤8分钟左右。
6. 锅烧热后倒入剩余的橄榄油和土豆、金瓜、白玉菇、芦笋，略炒，然后放入稀奶油和剩余的黑胡椒粉，翻炒均匀后盛出。
7. 将烤好的牛小排从中间切成两块，两面撒上玫瑰盐。
8. 盘中先铺上配菜，再放上牛小排，最后放上装饰物即可。

泰式牛肉沙拉

主料

牛肉	200g

配料

小番茄	50g
西蓝花	100g
胡萝卜	30g
香茅片	25g
鱼露	10mL
白醋	10mL
柠檬	半个
白糖	3g
蒜碎	5g
小米辣	30g
香菜	2 根
海盐	2g
白胡椒粉	2g
橄榄油	30g

步骤

1. 将西蓝花汆水，胡萝卜切片。
2. 将牛肉撒上白胡椒粉和海盐码味。
3. 锅中倒入橄榄油烧热，再放入牛肉，煎至两面金黄。
4. 将煎好的牛肉切条。
5. 碗中依次加入鱼露、白醋、小米辣、蒜碎、白糖，再挤入柠檬汁，然后放入西蓝花、胡萝卜片、小番茄、香菜、香茅片，搅拌一下，最后放入牛肉，搅拌均匀。
6. 将拌好的沙拉装盘，淋上汁即可。

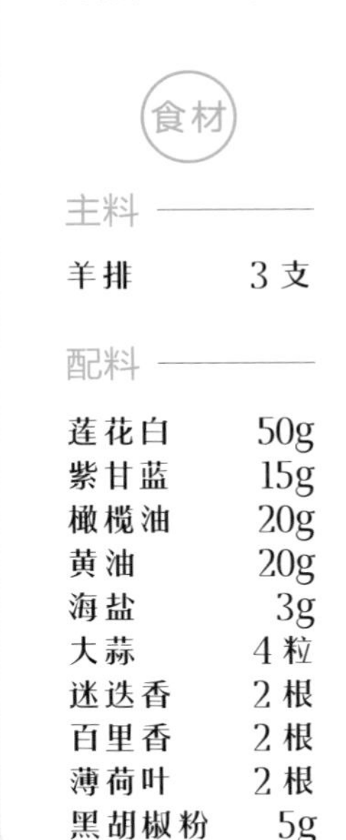

香煎法式羊排

食材

主料

羊排	3 支

配料

莲花白	50g
紫甘蓝	15g
橄榄油	20g
黄油	20g
海盐	3g
大蒜	4 粒
迷迭香	2 根
百里香	2 根
薄荷叶	2 根
黑胡椒粉	5g

1. 在羊排上放适量压碎的大蒜、2 根百里香和 1 根迷迭香，再撒上适量黑胡椒粉、海盐，倒入适量橄榄油，用手压一下，然后放入冰箱腌 3 小时后取出。
2. 将莲花白、紫甘蓝切丝后放入碗中，加四五颗冰块，加水至淹没。
3. 冰化后捞出莲花白、紫甘蓝丝，加入剩余的橄榄油、黑胡椒粉、海盐拌匀，摆在盘中间。
4. 将薄荷叶切碎。
5. 锅烧热后放入黄油，黄油完全熔化后放入羊排、剩余的大蒜和 1 根迷迭香，煎至两面金黄（煎的时候可用夹子轻压）。
6. 将煎好的羊排放在莲花白丝和紫甘蓝丝上，最后撒上薄荷叶碎。

砂锅生焗鱼头

主料

花鲢鱼头 1000g

配料

干葱	200g
蒜瓣	200g
肉姜	50g
鲜沙姜	50g
香菜	20g
小米椒	3 个
黄豆酱	50g
排骨酱	20g
花生酱	20g
柱侯酱	20g
白砂糖	5g
黄油	50g
高度酒	75g
淀粉	8g
食盐	5g

1. 将小米椒斜切片。
2. 将鱼头砍成小块后洗净，再用干净的毛巾吸干水分。
3. 用备好的黄豆酱、排骨酱、花生酱、柱侯酱、白砂糖、淀粉、食盐拌鱼头，拌匀备用。
4. 砂锅烧热后放入所有黄油，熔化后加干葱、蒜瓣、鲜沙姜、肉姜爆香。
5. 将干拌好的鱼头、小米椒放入砂锅，以文火焗 12 分钟后放香菜，并盖上盖子。
6. 开猛火，倒入高度酒，即可关火上桌。

烤鳕鱼

主料

鳕鱼	200g

配料

海苔	5g
黄瓜	1 根
番茄	1 个
香菇	1 个
菠菜	50g
柠檬	1 个
莳萝	2 根
黄油	10g
白葡萄酒	10mL
海盐	2g
白胡椒粉	1g

1. 将黄瓜去皮、去籽后切丁。
2. 将番茄去籽后切丁。
3. 将香菇切丁。
4. 将柠檬对半切开，将柠檬汁挤在鳕鱼上，并撒上海盐、白胡椒粉，放上莳萝，腌渍码味。
5. 锅中放入香菇、白葡萄酒、鳕鱼、适量黄油，再将锅放进烤箱，以 150℃烤 15 分钟。
6. 将菠菜汆水后捞出，用冷水浸泡一会儿。
7. 从烤箱里取出鳕鱼，将鳕鱼汁倒入锅内，再放入剩余的黄油，挤入柠檬汁，然后倒入黄瓜丁、番茄丁、海苔煮熟。
8. 将菠菜挤干水放在盘子里，再放上鳕鱼，最后浇上酱汁即可（步骤 7 所制）。

黄油煎深海比目鱼佐香草奶油汁

食材

主料

比目鱼	120g

配料

紫苏叶	4片
青金橘	2个
甜青豆	50g
香椿苗	2朵
百里香	2g
海盐	3g
黄油	30g
面粉	30g
菜籽油	200g
奶油	200g
白葡萄酒	20g

步骤

1. 将比目鱼两面撒上面粉、适量海盐。
2. 将青金橘去两头，再对半切开。
3. 摘下百里香的叶子，再切碎。
4. 锅烧热后放入适量黄油，再放入比目鱼，煎至两面金黄后捞出。
5. 锅烧热后放入适量黄油，再倒入切碎的百里香叶、适量奶油拌匀，然后倒入白葡萄酒、挤入青金橘汁，搅拌均匀后盛出。
6. 锅中倒入菜籽油，烧热后放入紫苏叶，炸至变色，然后取出并用纸吸干油。
7. 锅烧热后放入甜青豆和剩余的黄油翻炒，再加剩余的海盐调味，然后倒入奶油，慢慢收汁。
8. 用酱汁（步骤5所制）划盘，再放上煎好的比目鱼、奶油甜青豆，最后用青金橘、紫苏叶、香椿苗等装饰即可。

挪威三文鱼牛油果塔塔

主料

三文鱼	100g

配料

牛油果	半个
红叶生菜	3片
苦菊	2条
罗马生菜	6片
熟燕麦	30g
海盐	2g
小葱	2g
橄榄油	2g
丘比甜沙拉酱	3g

1. 将三文鱼切成丁。
2. 将牛油果去皮后切成丁。
3. 将小葱切末。
4. 在三文鱼中加入海盐、橄榄油、小葱、丘比甜沙拉酱、牛油果、适量熟燕麦，搅拌均匀。
5. 将拌好的三文鱼放入盘中，再插上罗马生菜、红叶生菜、苦菊，最后撒上剩余的熟燕麦即可。

泰国香茅煎海鲈鱼配菠菜

主料

海鲈鱼	250g
菠菜	100g

配料

黄瓜花	25g
芝麻菜	25g
香茅	1 根
黄油	30g
蒜蓉	30g
鱼露	3mL
食盐	1g
白胡椒粉	1g
泰国鸡酱	20mL
面粉	30g

1. 将海鲈鱼切成两块。
2. 将香茅切片。
3. 将香茅片放在海鲈鱼上，再加入适量食盐、鱼露、白胡椒粉腌渍。
4. 碗里铺上纸，将腌制后的海鲈鱼放在纸上，再撒上面粉。
5. 热锅中放适量黄油，待熔化后放入海鲈鱼，煎至两面上色且熟。
6. 热锅中放剩余的黄油，待熔化后放入蒜蓉、菠菜略翻炒，再撒入剩余的食盐，翻炒几下后盛出。
7. 用泰国鸡酱划盘，再摆上菠菜，最后放上海鲈鱼、芝麻菜、黄瓜花即可。

芙蓉清蒸石斑鱼

食材

主料

石斑鱼	520g
鸡蛋	6个

配料

干香菇	10g
火腿片	30g
大葱	4根
青豆仁	30g
蟹肉棒	3条
海盐	7g
蒸鱼豉油	50g
植物油	30g
芝麻油	30g
姜	20g
芡粉	5g

步骤

1. 切下石斑鱼的头和尾，将鱼身切成两半，鱼肉切成薄片。
2. 将鸡蛋打散后倒入盘中，用保鲜膜封口，再放入锅中，蒸约10分钟。
3. 将姜切成片。
4. 将大葱切条,然后放入油锅炒熟。
5. 在鱼片上撒上海盐，以姜片垫底，鱼片卷上火腿片、蟹肉棒和炒好的葱，放在姜片上，然后把鱼头放在盘中，再将鱼片、鱼头刷上蒸鱼豉油，封上保鲜膜，蒸约10分钟。
6. 将蒸好的鱼头、鱼肉卷连同姜片摆在芙蓉蛋上。
7. 将泡发的香菇切片，热锅中倒入芝麻油，再放入香菇翻炒，然后倒入青豆仁，加凉开水，再倒入芡粉，搅拌均匀。
8. 将调好的汁淋在鱼头和鱼肉卷上，再适当装饰即可。

凤梨虾球

食材

主料

草虾	3只
凤梨	250g

配料

柠檬	半个
沙拉酱	150g
细砂糖	10g
黑芝麻	1g
海盐	3g
蛋（白）	1个
生粉	150g
面粉	20g
玉米片	50g
植物油	150g

1. 将洗净的草虾去掉头和壳，用刀从虾背划开（深约至1/3处），去除虾线，再加入海盐、生粉、蛋白搅拌均匀，腌制约2分钟。
2. 将细砂糖、挤压的柠檬汁与沙拉酱调匀。
3. 将面粉和玉米片混合拌匀，裹在虾肉上。
4. 在锅中倒入植物油，烧热后放入虾，炸约2分钟至表面酥脆，起锅后用纸吸干油。
5. 将凤梨和调好的沙拉酱汁搅拌均匀，装盘垫底。
6. 将炸好的虾球放在凤梨上，再挤上沙拉酱汁、撒上黑芝麻，再适当装饰即可。

生煎老虎虾配香草大蒜黄油汁

食材

主料

老虎虾	2只

配料

青金橘	1个
西蓝花	3棵
香椿苗	5朵
黄瓜	半根
黄瓜花	3朵
胭脂萝卜	3片
海盐	3g
欧芹	3g
大蒜	3g
黄油	30g
白兰地	10g
菜籽油	200g

步骤

1. 将老虎虾切下虾头、剪开虾背，再用刀从虾背切开，撒上适量海盐。
2. 将西蓝花切块，大蒜切末，黄瓜切片，欧芹切碎，青金橘切块。
3. 将黄瓜片氽水，捞出后用纸吸干水分。
4. 将西蓝花氽水。
5. 在锅中倒入菜籽油，再放入虾头炸至金黄后捞出。
6. 锅烧热后放入适量黄油，虾肉朝下煎至金黄，再翻面将虾壳煎至金黄即可捞出。
7. 锅烧热后放入剩余的黄油，再倒入大蒜末、欧芹、白兰地，最后加剩余海盐调味，翻炒均匀后盛出。
8. 将黄瓜片裹成卷，和西蓝花、青金橘、胭脂萝卜、黄瓜花、香椿苗、虾等装盘，淋上酱汁（步骤7所制）即可。

杏仁炸虾枣

主料

鲜虾仁	500g
杏仁片	100g
猪肥肉	50g

配料

食盐	5g
味精	5g
生粉	5g
澄面	5g
胡椒粉	3g
香油	3g
大豆油	750g

1. 将鲜虾仁用干净毛巾吸干水，先用刀碾成泥，再用刀背剁成泥胶。
2. 将猪肥肉切成末。
3. 将食盐、味精、胡椒粉、澄面、生粉、肥猪肉末及香油加入虾泥中，混合均匀至起胶。
4. 先将虾泥挤成球状放入杏仁片里，再将虾球做成枣状，均匀地裹上杏仁片。
5. 锅烧热，倒入大豆油烧至60℃，将虾枣下锅，炸至金黄色后捞起。
6. 修整外形，装盘。

煎带子配花菜泥和味噌白兰地汁

主料

带子	4个

配料

花菜	1颗
小胡萝卜	2根
干葱	2个
冰菜	2片
香菜	1根
日本味噌	20g
白兰地	5mL
奶油	300g
橄榄油	50g
海盐	5g
黑胡椒	3g
黑醋	20g

步骤

1. 将花菜切成小块。
2. 将干葱、1根小萝卜切成丁。
3. 切下香菜的根（只需根部）。
4. 在锅中倒入适量奶油，烧开后放入花菜、香菜根，待煮熟后打成泥。
5. 在锅中倒入适量橄榄油，再放入干葱、小胡萝卜丁翻炒一下，加入白兰地，酒精挥发后倒入剩余的奶油，再放入味噌搅拌均匀，煮至软烂后打成泥。
6. 将剩余的1根小胡萝卜切成两半，倒入黑醋浸泡，再加入适量海盐、黑胡椒搅拌均匀，然后放入烤箱，以面火150℃烤半个小时。
7. 将带子两面撒上剩余的海盐，单面撒剩余的黑胡椒，腌一会儿。
8. 锅烧热，倒入剩余的橄榄油，烧至冒烟，再放入带子煎，煎时不能翻动。煎上色后再翻面，一般煎到五至七成熟后，取出。
9. 将调好的酱汁（步骤4、5所制）涂在盘子上，再把煎好的带子摆在酱汁旁边，放上烤好的小胡萝卜，摆上冰菜即可。

韭菜花炒花蛤肉

食材

主料

花蛤肉	150g
韭菜花	200g

配料

盐	2g
味精	10g
鸡汁	5g
酱油	6g
辣鲜露	6g
小米椒	4个
菜籽油	100g

步骤

1. 将韭菜花切段。
2. 将小米椒斜切片。
3. 将洗净的花蛤肉过油，再捞起沥干。
4. 将锅烧热后倒入菜籽油，先放入韭菜花爆香，然后放入小米椒、花蛤肉、味精、盐、辣鲜露、酱油、鸡汁，翻炒均匀即可。

咸蛋蔬菜花鱿鱼

食材

主料

鱿鱼	2只
虾仁泥	500g
肥膘泥	250g

配料

咸鸭蛋黄（生）	5粒
青豆仁	50g
虾鱼子	5g
西生菜	半个
丘比沙拉酱	50g
海盐	2g
白胡椒粉	2g

步骤

1. 在虾仁泥、肥膘泥中加入白胡椒粉、海盐搅拌均匀，再加入青豆仁拌匀。
2. 将咸鸭蛋黄切块，放入虾仁泥中，拌匀。
3. 在丘比沙拉酱中加入虾鱼子，拌匀。
4. 用勺子将拌好的虾仁泥塞入鱿鱼中，不要塞满，留一点空隙。
5. 将西生菜切丝，放入盘中。
6. 炒锅里加水烧开，再放入鱿鱼，以中火蒸15分钟。
7. 将蒸好的鱿鱼冷却后切片，放在西生菜上即可。